LES ABEILLES

COULOMMIERS. — Typ. A. MOUSSIN.

LES ABEILLES

LEURS MOEURS, LEUR INDUSTRIE, LEUR CULTURE

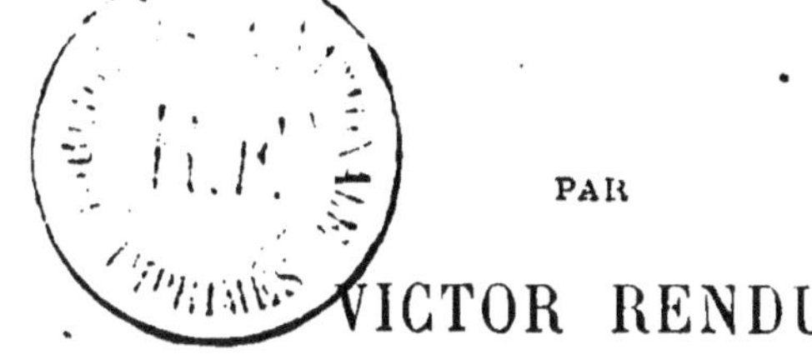

PAR

VICTOR RENDU

INSPECTEUR GÉNÉRAL HONORAIRE DE L'AGRICULTURE

> Un petit jardin suffit pour contenir un grand nombre de ruches, et un seul homme, comme en se jouant, pour en gouverner grande quantité.
>
> OLIVIER DE SERRES.
> (*Le Théâtre d'Agriculture et Mesnage des champs.*)

PARIS

LIBRAIRIE HACHETTE ET Cie
79, BOULEVARD SAINT-GERMAIN, 79

—

1873

A MONSIEUR GRÉARD

INSPECTEUR GÉNÉRAL DE L'UNIVERSITÉ

HOMMAGE AFFECTUEUX DE L'AUTEUR

V^{or} RENDU

PRÉFACE

S'il est une industrie exigeant peu de capitaux, exempte de soucis et d'embarras, où la matière première, toujours prête, soit toujours mise gratuitement à la disposition de l'artiste, où le bénéfice ne fasse jamais défaut, c'est, à coup sûr, l'industrie des abeilles. Leur fabrique de sucre et de miel sort, pour ainsi dire, toute faite, d'un seul jet; le plus modeste panier de paille ou d'osier constitue son unique dépense; champs, bois et prairies, plaines et vallées, coteaux et montagnes, toute la nature, en un mot, avec son parterre si riche et si varié, voilà le laboratoire où les abeilles préparent leurs trésors. Chez elles, point d'état-major dirigeant, point de main-d'œuvre à payer, à surveiller; elles se se chargent à forfait de l'entreprise, répondent du succès, et, pour tout salaire, ne demandent qu'un concours bénévole et intelligent.

Avec un prospectus si complet, il semble que les abeilles devraient avoir droit de cité jusque dans les moindres bourgades, et compter partout sur les bons offices de l'homme. Qu'il s'en faut cependant que les choses se passent ainsi ! Sans doute, il existe un grand nombre de ruches en France, mais combien de localités qu'elles enrichiraient, et où elles sont encore à peu près inconnues ! N'y eût-il que 40 ruches, chiffre vraiment infime, par chacune des 30,000 lieues carrées qui composent notre territoire, et leur revenu annuel ne fût-il que de dix francs par tête, ce seraient déjà douze millions qui nous tomberaient du ciel, car un rucher bien conduit ne demande que quelques soins, à des moments perdus : nous sommes loin de ce chiffre.

L'indifférence d'une part, de l'autre les traditions routinières qui, chaque année, condamnent à mort une partie des abeilles, sont les deux causes qui, chez nous, ont retardé les progrès de l'apiculture. Depuis quelques années cependant, il semble qu'on veuille sortir de la vieille ornière ; beaucoup de contrées ont de nombreux ruchers, et d'habiles éducateurs prêchent, à la fois, de conseils et d'exemple ; encore quelques efforts soutenus, et les abeilles auront leur tour de faveur générale : elles le méritent à tous égards. Quel artisan, à la campagne, ne peut prétendre à deux ou trois ruches, à côté de sa maison ? S'il n'a pas les loisirs nécessaires pour en faire un objet de spéculation, n'est-ce pas, pour lui, un moyen économique de se procurer le miel nécessaire à la mère et aux enfants, ainsi que la cire dont on n'est jamais embarrassé ? A cette légitime ambition nul obstacle. L'apiculture ne demande pas un long apprentissage ; quelques connaissances, bien vite apprises, sur le genre de vie des abeilles, sur les moyens de les tenir en prospérité et de les multiplier, tel est le simple bagage scientifique pour réussir. D'échecs, il n'y en a point à rédouter, pour peu qu'on apporte dans ce gouvernement de l'affection et de la bonne volonté : l'esprit d'observation n'y nuirait pas non plus . Mais, n'en retirât-on d'autre profit que celui d'un vif intérêt (c'est cause gagnée dans le soin des abeilles), on n'aurait perdu ni son temps, ni sa peine : les gains qui s'adressent au cœur et à l'esprit ne manquent jamais d'attraits.

Bien qu'il existe de nombreux traités sur les abeilles, l'auteur a pensé qu'il ne serait peut-être pas inutile de condenser en quelques pages ce qu'il importe le plus de savoir sur cet insecte précieux. Il s'est attaché surtout à rendre son livre aussi simple que possible, sans allure doctrinaire, laissant de côté tous les points douteux, pour s'arrêter aux faits réellement acquis. Deux parties le composent : la première a pour but de faire connaître les mœurs des abeilles ; la seconde se rapporte à l'art d'élever les abeilles en domesticité. Les expériences les plus curieuses d'Huber sur certaines particularités de leur vie terminent cet opuscule ; elles servent en quelque sorte de pièces justificatives pour certains actes si étranges, qu'on serait tenté de les prendre pour des fables, s'ils n'avaient été consciencieusement contrôlés par un excellent observateur, Huber, qui, privé de la vue, ne voyait plus que par les yeux de son intelligence, et ceux de son dévoué et sagace serviteur, François Burnens.

Aux Berruères, 5 août 1873.

LES ABEILLES

PREMIÈRE PARTIE

MŒURS ET INDUSTRIE DES ABEILLES

Nul insecte ne saurait être comparé aux abeilles si industrieuses et si utiles, aucun ne mérite à un si haut degré notre attention. Sans parler de l'art avec lequel elles récoltent le miel et fabriquent la cire, leur talent d'architecte, leur émulation dans le travail, les soins qu'elles prodiguent à leurs petits, leurs migrations, leurs colonies, commandent l'admiration ; leurs mœurs, depuis longtemps célèbres, les placent à la tête des animaux chez lesquels l'instinct est le plus développé et touche presque à l'intelligence.

CHAPITRE PREMIER

DESCRIPTION DES ABEILLES

Ainsi que les autres insectes de l'ordre des hyménoptères auquel elles appartiennent, les abeilles ont quatre ailes nues, membraneuses et veinées; leur corps se compose de trois parties : la tête, le corselet et l'abdomen.

La tête, presque triangulaire et plus ou moins comprimée, porte deux antennes de douze ou treize articles, siége principal du toucher : c'est par cet organe que les abeilles se communiquent leurs sensations. Dès qu'elles se rencontrent, elles font jouer leurs antennes, se palpent et s'explorent mutuellement, et semblent échanger entre elles un mot d'ordre ou de ralliement. Sont-elles privées de leurs antennes, elles perdent leurs facultés instinctives, ne travaillent plus, et ne peuvent même plus se diriger dans l'intérieur

Abeille ouvrière.

de leur habitation. Aux côtés de la tête sont placés deux grands yeux ovalaires, présentant chacun plus de trois mille facettes hexagonales; le front est, en outre, pourvu de trois yeux lisses, triangulaires, qui permettent à l'abeille de distinguer les objets éloignés, tandis que les autres l'aident à voir de près : grâce à cette disposition, l'abeille se trouve à la fois presbyte et myope.

Parmi les pièces qui composent la bouche, on distingue un *labre* transversal, deux *mandibules*, une *lèvre* terminée par une *languette* linéaire, striée transversalement, se courbant et s'infléchissant avec les *mâchoires*.

Le corselet, uni à la tête par un cou très-petit, donne attache aux ailes, dont chaque paire, par un mécanisme particulier, ne forme qu'une seule pièce dans l'action du vol; il porte aussi trois paires de pattes d'inégale longueur et terminées par des griffes.

L'abdomen est suspendu au corselet par un mince pédicule. Il est cuirassé de douze lames écailleuses se recouvrant comme les tuiles d'un toit, et renferme deux estomacs placés à la suite l'un de l'autre : le premier, ou *jabot*, n'est qu'un simple magasin où l'abeille dépose le miel qu'elle a butiné; le second, ou *estomac proprement dit*, est le laboratoire où se fait la digestion; il aboutit aux intestins.

Sur l'abdomen et le corselet s'ouvrent les *stigmates*, organes de la respiration, figurés extérieurement par quatorze petits trous rangés symétriquement et débouchant dans des trachées qui distribuent l'air aspiré dans tout l'organisme.

Indépendamment de ces caractères généraux communs à toutes les abeilles, il en est qui appartiennent exclusivement aux individus de différents sexes composant leurs sociétés.

Trois sortes d'abeilles s'y rencontrent, à certaines époques de l'année, quand elles sont au grand complet : des *ouvrières*, une *mère abeille* désignée généralement sous le nom impropre de *reine*, car elle ne gouverne pas, et des *mâles* ou *faux-bourdons;* une organisation spéciale les sépare les uns des autres.

Chez l'ouvrière, les antennes n'ont que douze articles. Deux fortes mandibules, en forme de cuiller et sans dentelures, deviennent un instrument précieux de travail pour déchirer, fouiller, broyer; elles font, en même temps, office de truelle et de rabot. Les jambes de derrière, les plus longues de toutes, offrent,

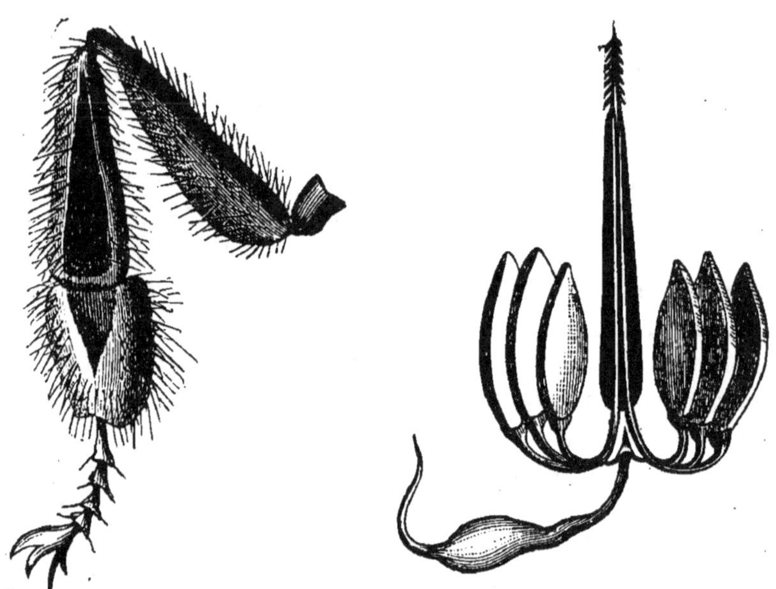

Palette ou corbeille.   Dard de l'abeille.

à l'extrémité de leur face externe, un enfoncement triangulaire appelé *corbeille* ou *palette*, bordé de poils résistants et serrés où l'abeille entasse le pollen qu'elle a recueilli sur les fleurs. Le premier article des tarses postérieurs, très-dilaté à sa face interne, est garni de plusieurs rangées horizontales et parallèles de poils raides et rapprochés; l'ouvrière en fait usage, en guise de *brosse*, pour détacher le pollen adhérent à

son corps. A la face inférieure de son abdomen sont
situés les organes sécréteurs de la cire abrités sous
les quatre derniers anneaux, la cire en sort sous
la forme de lamelles diaphanes. Un dernier ca-
ractère signale enfin l'ouvrière. Moins grosse que
la mère abeille et les mâles, elle a, de plus que
ces derniers, à l'extrémité de son corps un dard ou
aiguillon ; ce dard se partage en deux branches hé-

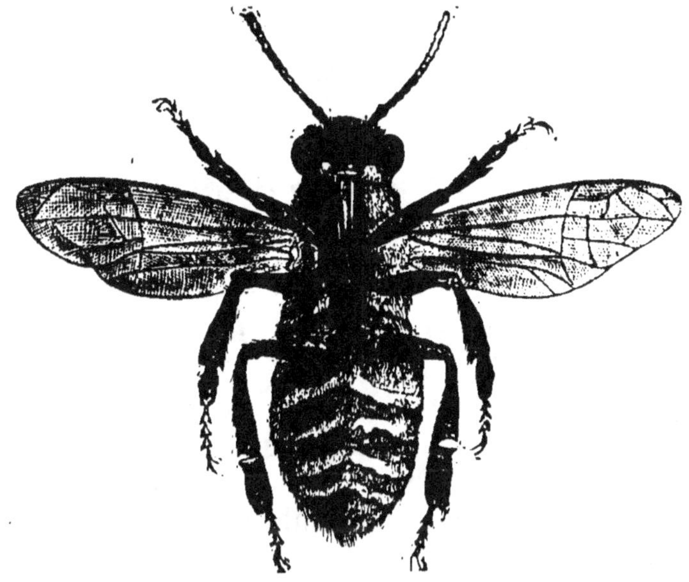

Organes sécréteurs de la cire.

rissées, vers la pointe, de petites dents recourbées en
arrière ; à l'état de repos, il reste caché dans le ventre,
mais il en sort à la volonté de l'abeille. A mesure qu'il
pénètre dans les chairs, les dentelures aident à l'y enfoncer plus avant ; mais aussi, lorsqu'il s'agit de le retirer, elles le retiennent avec force ; l'insecte ne peut
l'extraire qu'avec beaucoup de précautions, et souvent
il n'y parvient qu'en laissant dans la plaie une partie
de ses intestins : cette perte lui est toujours funeste. Le

dard, percé d'un canal dans toute son étendue, communique, par sa base, avec un réservoir à venin, cause principale de la douleur qu'on ressent de la piqûre d'une abeille. On y remédie facilement. Il faut, tout d'abord, enlever le dard, puis presser fortement la plaie, de manière à en faire sortir une gouttelette de sang qui emporte avec elle une partie du venin ingéré ; on calme ensuite l'inflammation en appliquant sur la blessure un peu d'huile ou d'alcool camphré, ou, à leur défaut, de l'eau fraîche qu'on renouvelle de temps en temps.

La mère abeille, plus allongée, plus effilée, et de couleur plus claire que l'ouvrière, n'a qu'une partie de l'abdomen couverte par les ailes, au temps de la ponte ; ses pattes n'ont ni brosse, ni corbeille ; ses antennes ne comptent que douze articles ; elle est armée d'un dard plus long que celui des ouvrières et légèrement recourbé ; son trait caractéristique consiste en deux grands ovaires placés entre les deux estomacs, en avant de l'abdomen.

Les mâles ou faux-bourdons se reconnaissent à première vue : tête arrondie plutôt qu'ovalaire ; antennes de treize articles ; corps gros et velu ; ailes plus longues que le corps, vol bourdonnant ; ni brosse, ni corbeille, ni dard ; yeux latéraux se rejoignant sur le front ; langue très-courte, et mandibules grêles : tel est leur signalement.

Les ouvrières sont des femelles incomplètement développées, faute d'une nourriture plus abondante et plus généreuse, et d'un berceau plus spacieux. Par leur nombre, elles forment l'immense majorité de la population, sont chargées seules des constructions, des approvisionnements et du soin des petits : elles veillent, jour et nuit, à la sûreté générale.

La mère abeille, comme mère de toute la population, est dispensée de tout travail, même de pourvoir à sa nourriture, les ouvrières ne l'en laissent pas manquer. La ponte la regarde exclusivement; de sa fécondité dépend le sort de la société. Le nombre des œufs qu'elle pond est-il considérable, la population s'accroît comme par enchantement et les travaux, au dehors comme à l'intérieur, marchent avec une prodigieuse activité; la ponte, au contraire, diminue-t-elle, la population ne pouvant plus réparer, dans la même proportion qu'auparavant, ses pertes journalières, baisse sensiblement, et, avec elle, le travail et

Mère abeille.

Abeille mâle.

la richesse des approvisionnements ; vient-elle à périr sans pouvoir être remplacée, sa mort entraîne bientôt la ruine genérale : elle est donc l'âme de la société.

Les mâles ne construisent ni ne butinent, ils n'ont d'autre rôle à remplir que celui d'aider la mère-abeille à propager la race. Cette tâche accomplie, ce ne sont plus que des bouches inutiles, vivant, sans travail, aux dépens de la société; ils l'affameraient bien vite, car chacun d'eux consomme la ration de trois ouvrières ; mais celles-ci y mettent bon ordre : elles les expulsent de l'habitation lorsqu'ils n'ont plus de service à rendre.

CHAPITRE II

A l'état de nature, comme à l'état de demi-dépendance auquel l'homme les a accoutumées, les abeilles vivent en sociétés, espèce de grandes familles où chaque individu, d'après son organisation particulière, a des attributions définies. En pleine liberté, elles s'abritent dans le creux des arbres, des rochers ou dans l'intérieur des vieux édifices ; dans leur régime de domesticité volontaire, elles acceptent sans difficulté, pour domicile, les logements qu'on leur offre sous forme de *ruches;* mais, sauvages ou privées, partout elles portent avec elles l'art merveilleux de tirer le miel du suc des végétaux.

A peine les abeilles se sont-elles établies dans une ruche, elles la visitent de fond en comble, la nettoient, la polissent et travaillent à la barricader. Une partie des ouvrières, guidée par des éclaireurs, se met en campagne, à la recherche des bourgeons de certains arbres, tels que marronniers et peupliers, qui doivent leur fournir une matière résineuse, odorante, d'un brun rougeâtre, nommée *propolis.* Elles s'en servent le plus ordinairement pour boucher les fentes et les crevasses de leur domicile, et, dans certains cas, aussi

comme moyen de salubrité : une limace, un mulot,
ou tout autre gros ennemi, s'est-il introduit dans la

Abeilles en grappe.

ruche, les abeilles commencent par l'occire, puis, ne
pouvant expulser le gigantesque cadavre, elles l'en-

veloppent de propolis, et se préservent de ses exhalaisons morbides par cet embaumement ingénieux.

La propolis, en vertu de sa viscosité, adhère fortement aux pattes de l'abeille; celle-ci, rentrée à la ruche, aurait peine à s'en débarrasser toute seule, si des ouvrières ne venaient à son aide; elles détachent la propolis par petits fragments, la ramollissent entre leurs mandibules, l'appliquent et l'étendent comme un ciment partout où il y a des crevasses à fermer : en peu de temps, la ruche ainsi calfeutrée se trouve à l'abri du vent, de la pluie et des animaux avides du bien d'autrui.

Dès que ces travaux préliminaires de défense sont achevés, souvent même pendant qu'ils se continuent, les ouvrières jettent les fondements de leur propre édifice : la cire en fait les frais; le pollen, l'eau et le miel en sont la matière première.

C'est toujours au sommet de la ruche que les abeilles commencent leurs constructions. A peine un certain nombre d'ouvrières sont-elles revenues des champs, qu'elles s'accrochent les unes aux autres par une de leurs pattes de derrière, et se suspendent par groupes séparés, tantôt en grappes compactes, tantôt en chaînes ou en guirlandes. Dans cette position, elles restent immobiles jusqu'à ce que le miel contenu dans leur estomac soit devenu cire par la transsudation. Dès que les lamelles se montrent sous les écailles abdominales, l'ouvrière se détache de la chaîne dont elle fait partie, enlève avec sa brosse les paillettes de cire et les porte à sa bouche pour y subir une préparation. Les mandibules commencent par les diviser et les broyer, elles les moulent ensuite en lanières étroites; la lèvre inférieure y verse alors une liqueur écumeuse; les mandibules les reprennent de nou-

veau pour les triturer et leur donner la ductilité
nécessaire à leur mise en œuvre. Lorsque les fragments de cire sont arrivés à ce point, l'abeille les

applique à la partie la plus élevée de la ruche, et, de préférence, aux endroits saillants. Tant que dure sa provision de cire, elle continue le même manége, et ajoute plaque sur plaque à la première assise posée; quand ses matériaux sont épuisés, elle s'envole pour aller butiner derechef; une autre ouvrière prend sa place, et vient à son tour, par les mêmes procédés, apporter son contingent à la bâtisse commune.

Dans la construction des gâteaux, les abeilles ne font jamais usage que de cire nouvelle; la vieille cire n'est employée que pour les cellules royales et pour soutenir les rayons quand ils ont besoin de support.

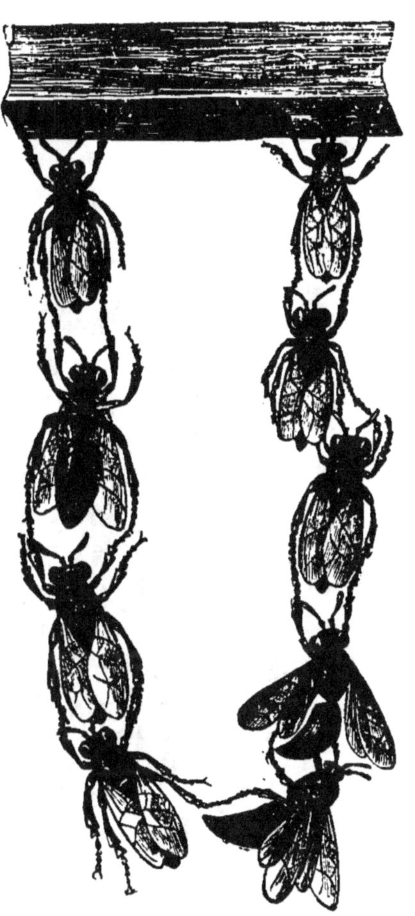

Abeilles en guirlande.

Tel est le nombre, et telle l'activité des ouvrières
qui prennent part à ces premiers travaux, que les fondations ne tardent pas à s'élever. Ce ne sont d'abord
que de simples ébauches, de petits blocs informes;

mais bientôt dégrossis, limés et polis, ils se transforment en une figure régulière qui utilise de la manière la plus parfaite l'emplacement et les matériaux. Les fonds des premières cellules y sont creusés; les abeilles

Intérieur d'une ruche.

en sculptent toutes les parties, et peu à peu dressent sur ces fondements le tube hexagonal destiné à servir de *cellule* ou d'*alvéole* ; elles fortifient ses bords par un cordon de propolis.

Toutes les cellules s'adossent les unes aux autres, et forment une double rangée dont l'ensemble constitue un *rayon* ou *gâteau* à deux faces, composé d'un nombre considérable de cellules.

Les gâteaux, commencés au sommet de la ruche, descendent perpendiculairement, et sont en général parallèles les uns aux autres; leur épaisseur est d'environ 22 millimètres; ils embrassent toute la largeur de la ruche et souvent aussi toute sa hauteur. Les abeilles ne les fabriquent pas d'une seule traite; à peine un rayon a-t-il atteint quelques centimètres de longueur, elles en commencent un autre de chaque côté, et successivement; elles reprennent ensuite leur premier travail, et, à mesure qu'elles le prolongent, elles étendent leurs gâteaux à droite et à gauche, les fixant au sommet avec un pied en cire, et les soudant aux parois à l'aide d'un épâtement à rayons formé de cire et de propolis : d'autres attaches les consolident encore sur divers points.

Les gâteaux ne se touchent pas; ils sont séparés par des intervalles de 8 à 10 millimètres qui représentent les rues de la cité; en dehors de ces voies principales de communication, il existe, à travers les rayons, de petites ouvertures arrondies; ce sont autant de passages par lesquels les abeilles se rendent, de la surface d'un gâteau à l'autre, sans être obligées de faire un long circuit : leur temps se trouve ainsi économisé.

Tout gâteau de construction récente est blanc; mais la cire ne tarde pas à prendre une teinte dorée, qui perd elle-même peu à peu son éclat, passe du jaune d'or au jaune foncé, puis au brun, et finit à la longue par devenir couleur de suie.

Les cellules des gâteaux n'ont pas toutes la même

dimension ; on en distingue trois espèces correspondant aux trois sortes d'abeilles qui peuplent les ruches au printemps.

Les cellules les plus nombreuses et les plus petites sont celles des ouvrières ; la plupart occupent le milieu de la ruche ; leur profondeur est ordinairement de douze millimètres, et leur diamètre en mesure un peu plus de cinq.

Les cellules de mâles sont plus grandes et plus larges que celles des ouvrières : elles ont ordinairement dix-huit millimètres de long, sur sept millimètres de diamètre. Bien moins nombreuses que les alvéoles d'ouvrières, elles ne sont jamais mêlées avec eux, et forment un corps à part dans la ruche.

Les cellules de la troisième espèce, désignées sous le nom de cellules royales, se distinguent nettement des deux précédentes. Limitées à un petit nombre dans chaque ruche, elles sont construites avec un mélange de cire et de propolis ; leur surface extérieure, criblée de petites guillochures, présente l'aspect d'un tube allongé, plus gros à l'un de ses bouts et tout à fait lisse à l'intérieur. Leur épaisseur, par rapport à celle des autres cellules, est considérable ; leur longueur dépasse deux centimètres, et leur poids équivaut à celui de cent cinquante alvéoles d'ouvrières. Attachées solidement par un pédicule, elles sont suspendues verticalement, tantôt au milieu, tantôt à la partie inférieure des rayons, l'ouverture tournée en bas.

Les cellules royales servent exclusivement de berceaux. Il n'en est pas de même des cellules d'ouvrières et de mâles. Indépendamment de leur usage principal comme berceaux, elles font encore, au besoin, office de magasins, soit avant, soit après, la naissance et le développement des larves, quoiqu'il y ait toujours dans chaque ruche un certain nombre de cellules affectées spécialement aux provisions; ces cellules à double fin reçoivent alors plus de profondeur; les abeilles, dans les années abondantes en miel, leur donnent jusqu'à vingt-deux millimètres de long : leur industrie sait faire ainsi la part des

Ver ou larve d'abeille.

circonstances et se modifie selon que la nécessité l'exige.

Le temps des constructions est un de ceux où la plus grande activité règne dans les ruches. A cette époque, les abeilles sont sans cesse en allées et venues, depuis le lever jusqu'au coucher du soleil. Chaque fois que des ouvrières arrivent des champs chargées de butin, d'autres, à leur tour, partent pour exploiter les bois et les prairies et faire provision d'eau, dans un rayon habituel de deux ou trois kilomètres; elles vont même tenter fortune plus loin si l'année n'est pas abondante en miel et en pollen. Toute butineuse, à son retour à la ruche, subit le contrôle des sentinelles préposées à la sûreté générale; l'examen terminé, le mot d'ordre échangé, elle pénètre dans la cité, et là ses compagnes l'aident à se débarrasser de ses richesses. D'autres, pendant ce temps, partent en expédition; toutes les portes sont assiégées par une multitude empressée, affairée; on dirait un torrent qui se précipite et se renouvelle sans cesse; l'agitation parmi ce peuple travailleur est si vive, que les abords de la ruche semblent en proie à la confusion; mais le désordre n'est qu'apparent, tout est parfaitement ordonné, au dehors comme à l'intérieur; chacun a son emploi déterminé, dont il s'acquitte avec zèle et intelligence. Certaines abeilles ont pour mission de faire bonne garde et de repousser, comme ennemi, tout étranger qui oserait se présenter ; d'autres sont chargées de tout ce qui concerne la santé publique : elles débarrassent la ruche des corps morts et des autres objets nuisibles, tandis que plusieurs d'entre elles renouvellent l'air de la ruche par le battement précipité de leurs ailes.

Grande partout est l'activité, aussi l'édifice s'élève-t-il rapidement ; en moins de vingt-quatre heures, les abeilles bâtissent plus de 4000 cellules (une bonne ruche en contient ordinairrement 50000) ; les gâteaux s'allongent et s'étendent à vue d'œil, il le faut vraiment : un grand évènement se prépare ; les ouvrières le savent d'instinct, la mère abeille va commencer sa ponte.

CHAPITRE III

Dès que les cellules sont construites, souvent même avant qu'elles ne soient terminées, la mère abeille se prépare à y déposer ses œufs. La fécondation ne s'opère pas dans la ruche, mais bien dans le vague de l'air. Parmi les quinze cents mâles dont elle est pourvue, elle en choisit un, au beau milieu de son vol, à l'heure où ils ont l'habitude de folâtrer, s'accouple avec lui, et revient aussitôt au logis. Une fois fécondée, elle l'est pour toute sa vie. Sans fécondation toutefois, elle a la faculté de pondre (parthénogénèse), mais ses œufs ne reproduisent alors que des mâles; pour qu'il y ait naissance de femelles, ouvrières ou reines, la fécondation est absolument indispensable. Si la température est chaude, la ponte ne se fait pas attendre; elle coïncide avec l'arrivée du printemps, continue, presque sans interruption, pendant tout l'été, et s'arrête dans le courant de l'automne, lorsque les fleurs ont à peu près disparu.

Avant de pondre, la mère abeille parcourt les gâteaux, examine avec soin chaque cellule en y entrant la tête la première. Si elle la trouve sans miel, sans pollen et exempte de tout débris, elle se retourne, se dresse sur ses pattes postérieures, introduit l'extrémité de son ventre dans l'alvéole et y laisse tomber un œuf blanchâtre qui se colle au fond, à l'aide de la substance visqueuse dont il est enduit. Chaque cellule ne contient qu'un œuf; la mère abeille, par aventure, en laisse-t-elle échapper plusieurs à la fois, les ouvrières s'en aperçoivent bientôt, elles n'en conservent qu'un seul et détruisent le reste. Lorsque la saison est favorable, la ponte s'effectue avec une extrême rapidité; la mère abeille émet, en moyenne, 1500 œufs par jour; de mai en juillet, elle n'en pond pas moins de 30,000 : on estime que dans l'espace de trois ans, durée ordinaire de son existence, elle donne le jour à plus de 1,200,000 ouvrières : cette prodigieuse fécondité s'explique très-bien par les besoins de la ruche, ses pertes sont incessantes; il meurt environ trois cents abeilles par jour : que deviendrait la république, si ces vides n'étaient pas aussitôt comblés ?

Les œufs ne sont pas distribués au hasard dans les cellules; chacun d'eux est logé dans l'alvéole qui lui est destiné; la ponte elle-même a lieu d'après un mode régulier. Les œufs d'ouvrières sont les premiers pondus; avant tout, la cité a besoin de travailleurs; la mère abeille en produit d'abord plusieurs milliers; elle pond ensuite, pendant un certain temps, des œufs de mâles; les ouvrières se mettent alors à construire les cellules royales ; derechef, la mère abeille pond des œufs d'ouvrières et aussi quelques œufs de mâles, et, dix jours après, elle dépose un œuf dans chaque cellule royale, en laissant un jour d'intervalle entre chacune de ses dernières pontes, afin que les jeunes reines n'éclosent pas en même temps : cette tâche accomplie, elle se remet à pondre des œufs d'ouvrières,

Les pontes se succèdent, chaque année, avec la
même régularité pendant toute la vie des mères
abeilles, lorsque la fécondation a eu lieu peu de temps
après qu'elles sont devenus ailées ; mais si la fécondation a éprouvé un retard considérable, un boulever-
sement étrange s'opère dans le résultat des pontes [1].
Quand il s'est écoulé plus de seize jours et moins de
vingt et un depuis la transformation de la mère
abeille en insecte parfait jusqu'au moment où elle
s'est jointe à un mâle, elle pond encore des œufs d'ouvrières, de mâles et de reines, mais le nombre des
œufs de mâles égale presque celui des ouvrières, la
ruche se voit ainsi encombrée de fainéants, et privée
d'une grande partie de ses forces vives. Un retard
plus long produit des effets encore plus surprenants.
La femelle n'a-t-elle été féconlée que le vingt et
unième jour ou au delà après avoir pris des ailes,
elle ne pondra plus, à partir de la quarante-sixième
heure de son accouplement, que des œufs de mâles
pendant toute sa vie : la ruine de la ruche est certaine. L'instinct presque infaillible qui guide la mère
abeille dans ses pontes régulières, subit un rude choc
quand son accouplement a été si longtemps différé ; il
lui arrive, tantôt de pondre des œufs de faux-bourdons dans les cellules royales, tantôt de déposer des
œufs de mâles au bord des cellules, au lieu de les
placer dans le fond : les ouvrières se voient ainsi
obligées d'allonger les cellules hors du plan du gâteau : ces erreurs n'ont jamais lieu quand la fécondation s'est effectuée en temps opportun.

Tandis que la mère abeille est occupée de la ponte,
les ouvrières, de leur côté, ne chôment pas, loin de

---

1. Voir, à la fin, les expériences d'Huber.

là ; pourvoyeuses et cirières sont à l'œuvre plus que jamais : il faut préparer le logement de la nombreuse génération qui va bientôt renouveler la ruche ; il faut aussi songer à la nourriture de la reine, que rien ne doit distraire de son grand travail de propagation ; une escouade est attachée à son service, elle l'accompagne partout, pourvoit à tous ses besoins et les prévient par mainte et mainte attention. Ses privilèges commencent avec sa maternité. Avant son accouplement, elle n'était guère mieux traitée qu'une simple habitante de la ruche ; depuis, elle est devenue pour les abeilles leur principale ressource; aussi, de quels égards, de quelle sollicitude n'est-elle pas entourée? Toujours on lui fait cortège, toujours on se range sur son passage; les unes la brossent, les autres la lèchent, c'est à qui lui offrira du miel : chacun sait que de sa fécondité dépend la prospérité de l'État.

CHAPITRE IV

La chaleur de la ruche, qui ne descend jamais au-dessous de 23 degrés, quelle que soit la température extérieure, et qui s'élève jusqu'à 36 degrés, détermine principalement l'éclosion des œufs.

Toutes les abeilles, sans distinction de sexe, sortent de l'œuf le treizième jour après la ponte. Au moment de leur naissance, elles ont l'aspect d'un petit ver sans pattes, roulé sur lui-même au fond de la cellule. Jusqu'au cinquième jour, leur nourriture est la même : elle consiste en une bouillie ou gelée blanchâtre, légèrement acide, préparée dans l'estomac de l'ouvrière ; mâles et neutres en reçoivent la même quantité, mais les larves royales l'ont en plus grande abondance. Après le cinquième jour pour les larves d'ouvrières, passé le septième pour les larves de mâles, l'alimentation change : il ne leur est plus distribué qu'un mélange de pollen et de miel, tandis que la gelée primitive est continuée aux larves royales. Cette nourriture particulière, ainsi que la dimension des cellules, semble être l'origine des facultés procréatrices des femelles ; telle est son influence, que par sa vertu les abeilles qui ont perdu leur reine, peuvent la remplacer, à volonté, en choisissant une larve d'ouvrière qui n'ait point encore mangé de miel ni de pollen ; il leur suffit, pour en faire une véritable femelle, d'agrandir son berceau, et de la nourrir exclusivement avec cette gelée spéciale [1].

Pendant la première phase de leur existence, les larves restent couchées en cercle sur leur lit de bouillie ; elles font à peine quelques légers mouvements et sont incapables de pourvoir elles-mêmes à leurs besoins ; les ouvrières leur viennent en aide, et en prennent le plus grand soin ; à la place de la mère abeille qui, après avoir pondu, ne s'occupe plus de sa progéniture, elles visitent plusieurs fois par jour les larves, renouvellent sans cesse leurs provisions, et dégorgent la gelée au fond des alvéoles : tout le fardeau de l'éducation roule sur elles.

Six jours après être sortie de l'œuf, la larve d'ouvrière subit sa première métamorphose ; elle quitte peu à peu sa position circulaire pour se redresser et s'allonger en spirale dans sa prison ; dans l'espace de trente-six heures, elle se file une coque soyeuse et se trouve enfermée dans sa cellule par un couvercle de cire dont les abeilles l'encapuchonnent ; trois jours après, elle se change en nymphe ou chrysalide. Sous ce deuxième état, elle ne prend aucune nourriture ; son corps, blanc et mou, laisse voir les parties extérieures qui vont bientôt se développer, antennes, langue et pattes ; puis, sept jours et demi après cette seconde métamorphose, soit vingt et un jours après que l'œuf a été pondu, elle déchire sa coque, ronge le couvercle de son alvéole, et sort sous la forme définitive d'insecte ailé.

1. Voir, à la fin, les expériences d'Huber.

De même que l'ouvrière, les mâles et les jeunes reines passent par trois états, mais la durée de leurs transformations diffère suivant les sexes.

Les mâles restent six jours à l'état de larves; ils mettent un jour et demi à filer leur coque, sont claquemurés dans leur cellule par un couvercle bombé, se changent en nymphes trois jours après, et ne deviennent insectes parfaits que vingt-quatre jours après la ponte.

Les jeunes reines passent cinq jours sous la forme de larves dans leur cellule où elles sont placées la tête en bas. Lorsque les ouvrières leur ont construit un couvercle de cire, elles emploient vingt-quatre heures à filer leur coque, mais celle-ci n'enveloppe que la tête, le corselet, et le premier anneau du ventre, et laisse tout le reste à nu, tandis que chez le mâle et l'ouvrière la coque embrasse la totalité du corps; ce travail achevé, elles gardent un repos absolu le dixième et le onzième jour ainsi que pendant les seize premières heures du douzième, se changent ensuite en nymphes, et passent quatre jours entiers sous ce masque : le seizième jour à compter de la ponte, elles sont revêtues de leurs ailes. Cette livrée de l'insecte adulte n'est pas toujours le signal de leur liberté. Si la mère abeille se trouve encore dans la ruche, les ouvrières, loin de délivrer les jeunes reines, les retiennent plus étroitement prisonnières dans leurs alvéoles, elles les gardent à vue, fortifient par un cordon de cire le couvercle qui les recouvre, et n'y laissent qu'un petit trou pour la distribution des vivres : le départ de la mère abeille seul leur rend la liberté de leurs mouvements.

Les abeilles, nouvellement échappées des cellules, ne font pas immédiatement usage de leurs organes :

elles ont d'abord à les raffermir et à sécher leurs ailes trempées d'humidité au moment de leur délivrance. Leur premier acte est de se poser sur un gâteau; bientôt deux ou trois ouvrières se détachent d'un groupe, s'approchent d'elles, les lèchent, les brossent, leur offrent du miel et les examinent de pied en cap ; pour peu que leur conformation soit défectueuse, elles sont expulsées de la ruche et mises à mort : dans la république des abeilles, tout membre incapable de travail est impitoyablement retranché. Pendant ce temps, un certain nombre d'abeilles visitent les cellules vides, enlèvent les tuniques des larves et des nymphes et en débarrassent la ruche ; d'autres, à leur tour, passent une seconde inspection, achèvent de purger les alvéoles des débris qu'ils contiennent encore, et les préparent à recevoir de nouveaux œufs ou bien les transforment en magasins : les coques seules, filées par les larves, restent attachées aux parois. Vingt-quatre heures suffisent ordinairement pour que la nouvelle abeille entre en possession d'elle-même ; elle fait dès lors partie de la population active, mais ses fonctions sont provisoirement concentrées dans l'intérieur de la ruche. Jusqu'au dix-huitième jour à compter de celui où elle est devenue insecte ailé, les travaux du dehors ne la regardent pas ; elle fait, successivement, office de cirière, de nourrice, de sentinelle, de ventilatrice, et ce n'est qu'après avoir accompli cette espèce de noviciat, qu'elle prend sa volée et se fait butineuse, à l'exemple des anciennes ouvrières. Sa première excursion lui révèle tout ce qu'elle doit savoir, pour la durée de son existence, dans sa profession. En sortant de la ruche, elle s'adresse sans hésiter aux plantes qui doivent lui fournir leurs richesses ; les pattes chargées de propolis ou de pollen, elle regagne son logis sans guide et sans s'égarer : de prime-saut, et sans étude préalable, elle se mêle aux constructions : en entrant dans la vie, elle est devenue, par son admirable instinct, pourvoyeuse habile et architecte consommé.

L'éclosion, une fois commencée, n'est plus suspendue que par les variations de la température ; cette interruption n'est jamais de longue durée. La saison, en effet, marche de plus en plus vers le beau temps et la chaleur ; chaque jour fait naître des centaines d'ouvrières ; la population de la ruche monte comme un flot ; déjà un certain nombre de mâles ont quitté leurs alvéoles pour s'ébattre au grand jour ; de jeunes reines attendent impatiemment leur délivrance ; vient enfin un moment où le nombre des abeilles est si considérable et la température de la ruche si élevée, qu'une partie des ouvrières se voit forcée de se tenir au dehors, la population déborde, l'essaimage est imminent.

CHAPITRE V

L'ESSAIM.

Lorsqu'une partie des abeilles abandonne la ruche pour aller fonder ailleurs une colonie, on dit qu'elles essaiment; le groupe composant l'émigration se nomme *essaim* ou *jeton*.

L'essaimage a lieu ordinairement chaque année, mais parfois les abeilles y renoncent; pour qu'il se produise, trois conditions sont nécessaires : il faut que la ruche possède une mère abeille régulièrement féconde, qu'elle renferme des mâles adultes, et que les cellules royales contiennent de jeunes femelles. L'exubérance de la population, la jalousie de la mère abeille à l'égard des jeunes reines, l'extrême chaleur de la ruche, et par-dessus tout la nécessité de se propager, paraissent être les principales causes de l'essaimage ; mais ce ne sont pas les seules. On voit en effet, dans certaines années, des ruches qui regorgent d'habitants, ne pas essaimer ; d'autres, peu peuplées, fournir plusieurs essaims : quels motifs impérieux les poussent à émigrer ? On ne les connaît pas tous encore. Divers contre-temps, tels que la pluie, le froid, le vent, un ciel couvert, peuvent retarder l'essaimage. Le premier essaim est toujours accompagné de la mère abeille, mais ce n'est pas toujours elle qui donne le signal du départ, elle est souvent entraînée par le flot des émigrantes ; dans les essaims postérieurs, au contraire, sa sortie est provoquée par la jeune reine ; furieuse de n'avoir pu tuer ses rivales, elle sort de la ruche et entraîne avec elle une partie des ouvrières.

Le jet d'un essaim est ordinairement annoncé à l'avance par certains signes précurseurs. La ruche, à ce moment, fait entendre un bruit sourd, interrompu par de profonds silences ; l'apparition des mâles vers dix ou onze heures du matin, la grappe volumineuse et pointue que forment les abeilles devant la ruche, sont autant d'indices d'essaimage prochain ; enfin, lorsque les ouvrières, chargées de pollen, se réunissent à la grappe au lieu d'entrer dans la ruche, et que les abeilles qui en sortent, renonçant à leurs excursions, demeurent dans le voisinage, on peut compter que l'essaim partira dans la journée, si le temps est favorable.

D'autres signes avertissent encore l'apiculteur. A l'intérieur de la ruche, le tumulte est à son comble. Au bruissement que font les jeunes femelles dans leurs alvéoles, la mère abeille est prise de vertige ; elle parcourt, à la hâte, les rayons, veut se jeter sur les cellules royales, mais les sentinelles l'en éloignent : affolée, hors d'elle-même, elle laisse échapper ses œufs au hasard ; partout où elle se porte, l'agitation la suit ; les abeilles semblent ne plus la reconnaître ; celles qu'elle heurte dans sa course, partagent sa frénésie ; le soin des larves est abandonné, les constructions s'arrêtent ; divers groupes d'abeilles courent en désordre à travers la ruche : à un moment donné, un fort bourdonnement soulève toute cette masse, elle

se précipite pêle-mêle vers la porte et prend l'essor ;
la mère abeille s'élance avec elle hors de la ruche.

L'essaim sort, d'habitude, depuis dix heures du

Essaim.

matin jusqu'à trois ou quatre heures du soir, lorsque
le temps est calme et que le soleil brille ; un gros
nuage souvent suspend le départ, un temps chaud et
orageux l'accélère. En quittant la ruche, l'essaim s'é-

lève d'abord, en tourbillonnant, se balance pendant
quelque temps dans l'air, se disperse un instant, et
bientôt forme une espèce de nuage qui se dirige vers
le point indiqué par les éclaireurs. Ont-ils fait choix
d'une branche d'arbre, les abeilles s'y fixent, cram-
ponnées les unes aux autres par les jambes ; la mère
abeille s'enferme au milieu de cette grappe. Tant que
l'essaim est réuni en faisceau, il est absolument inof-
fensif : c'est le moment de le recueillir ; si on néglige
de le faire, il finit par abandonner la place où il s'était
arrêté, gagne le large, et va s'établir dans un trou
de muraille ou dans le creux d'un arbre : il retourne
ainsi à sa condition primitive d'abeilles libres ou
sauvages.

D'ordinaire l'essaim, une fois sorti de la ruche, n'y
rentre plus ; dans les essaims secondaires pourtant,
il arrive qu'après avoir erré pendant quelque temps
dans le vague de l'air, ou même après s'être fixé, il
revient sous le toit natal ; ce fait se produit acciden-
tellement lorsque la jeune femelle, s'étant montrée
aux portes de la ruche, n'a pu les franchir, ou bien
quand elle a quitté la ruche sans avoir eu de rapport
avec un faux-bourdon, et qu'ainsi elle n'est pas en
état de pondre régulièrement.

L'essaim n'a pas plutôt pris possession de sa nouvelle demeure, que les ouvrières se mettent à la net-
toyer et à l'enduire de propolis ; bientôt après commence la construction des gâteaux ; la mère abeille
émigrée se met à pondre. Sur ces entrefaites, que devient la ruche à qui l'essaimage a fait perdre une
bonne partie de ses habitants ?

A voir l'agitation furibonde avec laquelle la multitude des fuyards se lance dans l'émigration, il semble
que l'ancien domicile va se trouver presque entière-

ment dépeuplé; il n'en est rien. Il s'en faut bien que toutes les ouvrières aient déserté; beaucoup n'ont pu trouver une issue à travers la cohue qui se précipitait aux portes, elles sont restées au logis; d'autres, en excursion au moment du départ de l'essaim, sont rentrées à la ruche; les cellules remplies de couvain, c'est-à-dire d'œufs de larves et de nymphes, donnent à chaque instant de nouveaux citoyens à la nation, le vide produit par les émigrantes se comble par degrés, en peu de temps la ruche a réparé ses pertes; elle est maintenant en état de subsister comme si rien d'extraordinaire ne s'était passé dans son intérieur; la future mère abeille d'ailleurs ne la laissera pas manquer d'habitants, lorsqu'elle aura fait la rencontre d'un mâle à travers les airs.

Au départ de l'essaim, le premier soin des ouvrières de l'ancienne ruche est de monter la garde auprès des cellules où de jeunes femelles se trouvent enfermées. Celles-ci ont beau chercher à ronger leur prison, les surveillantes rétablissent le couvercle chaque fois qu'elles le battent en brèche; elles continuent de leur passer la nourriture par le guichet, mais de liberté point avant le terme prescrit pour la délivrance. Ce moment arrivé, on affranchit la jeune reine dont l'œuf a été le plus anciennement pondu, son droit d'aînesse est sacré. A peine est-elle hors de la cellule, que son instinct la pousse à détruire les autres femelles consignées dans leurs alvéoles; mais, comme elle n'a pas encore été fécondée, les ouvrières l'empêchent d'approcher des cellules royales; en même temps qu'elle se voit repoussée, elle entend le chant strident des femelles captives, elle leur répond par son cri de guerre. Toutes les abeilles aussitôt, frappées de stupeur, s'arrêtent immobiles; une fureur jalouse ne tarde pas de s'emparer de la reine éconduite, elle s'agite en tous sens, se heurte en courant contre les ouvrières, et leur inocule son délire ; à un moment donné elle se précipite vers la porte, un grand nombre d'abeilles en font autant : voilà le second essaim parti.

Même tumulte et même résultat quand la ruche doit jeter un troisième essaim ; mais excepté dans les contrées riches en fleurs, dans les années très-favorables et sous un climat très-chaud, il est rare que ce dernier essaim prospère ; la ruche elle-même qui a subi une triple perte, s'en relève bien rarement. Dans les bonnes années, le premier essaim, s'il est fort, peut en donner un à son tour, vingt ou vingt-cinq jours après le jet.

La confusion inséparable de la sortie d'un essaim amène quelquefois la délivrance fortuite et simultanée de deux jeunes femelles qui, dans cet état de trouble général, n'ont pu être surveillées d'assez près par les ouvrières, et n'ont pas entendu, au fond de leur prison, le chant de leur ainée ; un étrange spectacle se produit alors dans la ruche. A peine les deux sœurs rivales se sont-elles aperçues, elles fondent l'une sur l'autre, cherchant à se poignarder de leur aiguillon. Les abeilles, loin d'essayer de les séparer, font cercle autour d'elles pour les empêcher de fuir ; il faut que le duel ait son cours, car deux reines ne peuvent se trouver à la fois en liberté dans la même ruche ; après mainte et mainte passe, la plus forte ou la plus heureuse enfonce son dard dans le corps de son adversaire : sa victoire lui assure l'empire. Elle vit désormais sans rivale dans la ruche ; dès qu'elle s'est accouplée avec un mâle et que sa fécondité n'est plus douteuse, les jeunes femelles lui sont livrées par les ouvrières; impitoyablement elle les tue toutes dans leurs cellules en les perçant de son dard, au point où elles ne sont pas protégées par une coque; aucune n'est épargnée.

CHAPITRE VI

MASSACRE DES MALES, TRAVAUX D'APPROVISIONNEMENT,
HIVERNAGE.

La saison de l'essaimage passée, dès que la nouvelle mère abeille, fécondée pour toute sa vie, a commencé sa ponte, les ouvrières songent aux approvisionnements qui doivent les aider à passer l'hiver;
mais, avant de se livrer à ces travaux, elles ont à se
débarrasser des faux-bourdons. On sait qu'ils n'ont
d'autre mission que d'aider la reine à propager la
race; cette tâche remplie, à quoi serviraient-ils désormais? Sybarites par profession et incapables de tout
travail, ils ne vivraient plus que pour manger, pour
affamer la république par leur gros appétit ; en bonne
économie, ils doivent disparaître : leur mort est décré-
tée. L'exécution a lieu dans les deux mois qui s'é-
coulent depuis la fin de juin jusqu'au commencement
de septembre. Aussitôt donc que la reine est en état
de multiplier, les ouvrières commencent par faire
main-basse sur les larves et les nymphes de mâles,
elles les arrachent de leurs cellules, les sucent jusqu'à extinction, et jettent ensuite leurs carcasses
vides hors de la ruche. Les adultes, eux, sont con-

damnés à périr de faim. Ils sont privés de leur nourriture habituelle, l'accès des magasins de miel leur
est formellement interdit; s'ils font mine de résister,
les ouvrières les appréhendent au corps, les saisissent
par les ailes et les pattes et les expulsent des gâteaux.
Inquiétés, harcelés, assaillis de toutes parts, les mal-
heureux se précipitent hors de la ruche, entraînant
leurs ennemis qui ne lâchent prise que lorsqu'ils ont
été mis complètement à la porte. Leur bannissement
est sans appel : des sentinelles sont spécialement
chargées de les surveiller. Sans feu ni lieu, ils se
réfugient à l'entrée de la ruche et s'y agglomèrent en
masse compacte. Le lendemain et les jours suivants,
même chasse, plus active et plus acharnée encore ;
les pauvres proscrits, réduits à la dernière extrémité,
expirent au seuil de la ruche, ou s'en vont périr également de faim dans la campagne, car ils ne savent
ni ne peuvent butiner. Sans nul doute, un coup d'é-
pée serait plus charitable et terminerait à l'instant
leurs souffrances, mais les abeilles n'en usent ainsi
qu'à l'égard des mâles étrangers qui veulent forcer
l'entrée de la ruche : les concitoyens meurent de faim
comme Ugolin.

Il est cependant une circonstance où les mâles sont
épargnés : c'est lorsque la fécondation de la reine, par
une cause quelconque, a été retardée jusqu'au vingt
et unième jour; les ouvrières, dans ce cas, leur font
grâce; on les retrouve jusqu'au cœur de l'hiver dans
la ruche, quand toutefois celle-ci existe encore. La
plupart du temps, le découragement s'empare des
abeilles réduites à cet état de détresse; elles abandonnent, après l'avoir pillée, une cité où les ouvrières
en petit nombre ne peuvent plus se renouveler par
de nouvelles naissances; la ruche est également dé-

vastée et désertée quand les abeilles ont perdu leur reine et qu'elles n'ont pas de jeunes larves de femelles pour la remplacer.

Après la destruction des mâles, la ruche ne contient plus que des neutres et une seule femelle. Jusqu'à l'automne, la mère abeille pond dans les cellules d'ouvrières. Pendant ce temps, une partie des abeilles est occupée aux travaux de l'intérieur, construction ou réparation des gâteaux, nourriture du couvain, soins de propreté et garde du logis; les autres se répandent dans la campagne pour recueillir le miel et le pollen destinés aux futurs besoins.

Les abeilles ne fabriquent pas le miel, ainsi qu'on l'a cru pendant longtemps; elles le trouvent tout fait sur les végétaux et se bornent à le recueillir. Leur langue faisant l'office d'un piston, s'allonge et se raccourcit alternativement, puise les gouttelettes sucrées, tantôt au fond des fleurs, tantôt sur les fruits très-mûrs, quelquefois aussi sur les feuilles qui, à certains temps de l'année, transsudent, sous forme de gomme, une liqueur appelée miellat; le miel brut, introduit d'abord dans la bouche de l'insecte, passe ensuite dans le premier estomac, où il s'épure et subit une espèce de cuisson.

La récolte du pollen est plus compliquée; le manége qu'exécute l'abeille pour se l'approprier est digne d'attention. Elle n'emploie à cette moisson que ses jambes armées de palettes et de brosses. Velue sur toute sa surface, elle plonge au fond d'une corolle, se roule contre les étamines ouvertes et s'y enfarine de pied en cap. Les brosses d'entrer alors en fonction; elles passent et repassent sur la tête, le corselet, l'abdomen, détachent les poussières polliniques qui s'y sont arrêtées, et les réunissent en corps. Par une seconde manœuvre, l'abeille les fait passer successivement de la première jambe à la seconde, les empile sur la palette de la troisième paire de pattes, et les y fixe à l'aide de petits coups; ainsi lestée, elle regagne la ruche pour y déposer son butin. S'accrochant alors par les deux jambes de devant sur le bord d'une cellule, elle y fait entrer ses pattes garnies de pollen, et, avec les jambes du milieu, elle décharge son fardeau au fond de l'alvéole. Cette opération n'est pas plutôt achevée, qu'une ouvrière prend sa place, entre la tête la première dans la cellule, presse, pétrit et humecte les pelottes de pollen, de manière à les rendre plates; toutes celles qu'on apporte du dehors sont ainsi traitées; lorsqu'elles ont rempli la cellule, le magasin à pollen est formé. Plusieurs portions des gâteaux reçoivent cette destination. Certaines cellules contiennent encore du pollen, quoique dispersées au milieu du couvain et des dépôts à miel; mais, quelque nombreux que soient ces magasins, ils ne le sont jamais autant que ceux où le miel est renfermé, parce que ce dernier forme l'alimentation principale des abeilles, tandis que le pollen n'entre que secondairement dans leur nourriture.

C'est avec méthode, et non par caprice, que le miel est versé dans les cellules; celles des gâteaux supérieurs en sont les premières remplies. Le concours de plusieurs ouvrières est indispensable pour cette opération. Le miel est déposé couche par couche; la dernière se prend en croûte et empêche le liquide de se répandre hors du vase. Les cellules dont le miel est destiné à la consommation journalière, restent constamment ouvertes, chacun y puise à volonté; mais celles qui doivent servir de grenier d'abondance ou de réserve, sônt fermées d'un oper-

cule, on ne les ouvre qu'en cas de nécessité. Lorsque
la récolte est très-abondante, les vaisseaux pour la
loger font quelquefois défaut ; les ouvrières obvient
sans peine à cette difficulté : elles allongent les anciennes cellules, ou bien elles donnent aux nouvelles
des dimensions plus grandes que de coutume. Leur
instinct, dans cette occasion, ne se rapproche-t-il pas
encore d'une sorte d'intelligence?

A mesure que la saison s'avance, les abeilles mul-
tiplient leurs courses et rivalisent d'activité. Les
pourvoyeuses volent de la ruche aux champs, et des
champs à la ruche ; toute fleur épanouie est visitée,
caressée et dépouillée de sa liqueur sucrée. Les chaleurs d'orage réjouissent fort les butineuses ; ces
jours-là, toute la population valide est en course ;
les magasins s'emplissent comme par enchantement,
on ne perd pas un instant ; les abeilles n'ignorent
pas que dans la saison rigoureuse, il n'y aura plus
de fleurs aux champs ; c'est donc au travail à assurer
leur avenir : toutes s'y livrent avec la même ardeur
qu'au printemps.

L'abaissement sensible de la température, un vent
violent ou une forte pluie, suspendent seuls les courses des abeilles ; elles travaillent à leurs approvisionnements tant qu'elles trouvent à butiner. Le froid
venu, lorsque toute végétation active a cessé, les
abeilles achèvent de nourrir les larves avec le pollen
et le miel emmagasinés ; quand arrive la morte-sai-
son, elles ne sortent plus qu'à de rares échappées, et
seulement au milieu du jour, par un beau soleil, et
pour peu d'instants. Lorsque le froid devient intense,
elles éprouvent un léger engourdissement, se serrent
les unes contre les autres pour se communiquer mutuellement de la chaleur ; les provisions de réserve

sont alors entamées. Grâce à leur sage prévoyance, les vivres ne manquent pas ; elles en usent, mais avec discrétion, et gagnent ainsi, sans trop de souffrances, le retour du printemps, époque du réveil de la nature et de la reprise de leurs travaux.

DEUXIÈME PARTIE

CULTURE DES ABEILLES

On entend par culture des abeilles l'art d'élever ces insectes, dans le but d'en obtenir du profit. Ce qu'il importe le plus de connaitre à cet égard, peut être compris sous les dénominations suivantes : les ruches, l'achat des abeilles, leur multiplication, les soins qu'elles exigent, la récolte du miel et de la cire, ainsi que leur manipulation.

CHAPITRE PREMIER

Le logement qu'habitent les abeilles réduites en domesticité, porte le nom de *ruche;* certaines localités le désignent aussi sous le nom de *panier,* par suite de l'usage très-répandu de se servir de paniers d'osier pour abriter les abeilles; sous le nom de *rucher,* on comprend l'emplacement, couvert ou à l'air libre, où l'on tient un certain nombre de ruches.

Quoique les abeilles ne soient nullement difficiles sur le genre d'habitation qu'on leur destine, et qu'elles se montrent assez indifférentes sur la matière dont les ruches sont faites et la forme qui leur est donnée, pourvu qu'elles se trouvent à l'abri des intempéries et qu'elles aient assez d'espace pour vaquer librement à leurs travaux, il est cependant des conditions de logement où elles prospèrent mieux que dans d'autres; les ruches perfectionnées, notamment, ont l'avantage de se prêter aux opérations qu'il est parfois nécessaire de faire subir aux abeilles, et de permettre de profiter du miel et de la cire sans nuire à leur existence : le choix de la ruche a donc son importance.

Les ruches peuvent être construites en bois, en liége, en osier ou en paille : les ressources dont on dispose, indiquent naturellement le choix qu'on doit faire entre ces différentes matières. D'une manière absolue, et sans tenir compte de la considération économique, les ruches en paille sont celles qui répondent le mieux au but complexe qu'on se propose; elles coûtent peu, sont aisées à fabriquer, défendent très-bien les abeilles contre les changements brusques de température et sont d'un facile transport. Quant à la forme, les ruches à chapiteau ou calotte, et celles à hausses, méritent la préférence : on peut à volonté agrandir ou restreindre leur capacité; elles se plient, mieux que les autres, à toutes les exigences locales, et conviennent à tous les modes d'exploitation.

La ruche la plus usitée en France est la ruche commune d'une seule pièce, tantôt carrée et faite avec des planches ou du liége, ou creusée dans un tronc d'arbre, comme la plupart des ruches du Midi; tantôt en osier ou en paille, ainsi que cela a lieu dans le reste de la France.

La construction de la ruche commune en osier, et en cloche, l'une des plus répandues chez nous, est très-simple. Prenez une branche de chêne, aussi droite que possible, de 1 mètre 15 centimètres de long et de 40 millimètres de diamètre, fendez-la en quatre dans toute sa longueur en réservant 16 centimètres à l'un de ses bouts qu'on laisse intact; tenez ces quatre parties écartées, de manière qu'elles embrassent une circonférence de 65 centimètres, et maintenez-les dans cette position au moyen d'un moule. Cette précaution prise, vous introduisez dans le bâtis de nouvelles branches de chêne fendues, en les joignant toutes ensemble; la carcasse de la ruche est établie. Vous remplissez alors les intervalles avec de l'osier, à la façon des vanniers; il ne vous reste plus qu'à l'enduire extérieurement de pourget, espèce de ciment composé de deux parties de bouse de vache et d'une partie de cendres ou de sable fin, et à la garnir, à l'intérieur, de petites traverses en croix de Saint-André, destinées à soutenir les gâteaux : la ruche est construite.

Son principal mérite est d'être très-peu coûteuse. Ainsi que les autres ruches simples, elle épargne aux abeilles une grande consommation de propolis; dès que leurs gâteaux sont attachés au sommet de la ruche, elles n'ont plus qu'à les continuer de haut en bas, tandis que dans les ruches composées de plusieurs pièces elles sont obligées d'appliquer de nouveau de la propolis à chaque division pour la calefeutrer et attacher les gâteaux. Mais ce mince avantage des ruches simples est loin de compenser les inconvénients graves de leur construction. On ne peut régénérer facilement les gâteaux; les mariages ou réunions se pratiquent avec peine; pour récolter, il faut chasser les abeilles; de là l'usage absurde et barbare d'étouffer ces insectes précieux en les enfumant avec une mèche soufrée.

Mêmes inconvénients avec les ruches carrées d'une seule pièce : on ne prend le miel qu'aux deux extrémités et les rayons du milieu ne sont jamais renouvelés.

Les ruches de plusieurs pièces, même les moins parfaites, ont, sur les ruches simples, l'avantage de procurer un beau miel, d'en rendre l'extraction aisée, et de n'offrir aucune difficulté pour la réunion de deux ruches en une seule. On en connaît de plusieurs sortes. Parmi celles qui ont le plus de réputation, la ruche villageoise ou de Lombard et la ruche normande, tiennent le premier rang, après les ruches à hausses.

La ruche villageoise se compose de deux pièces : l'une cylindrique, formant le corps et mesurant

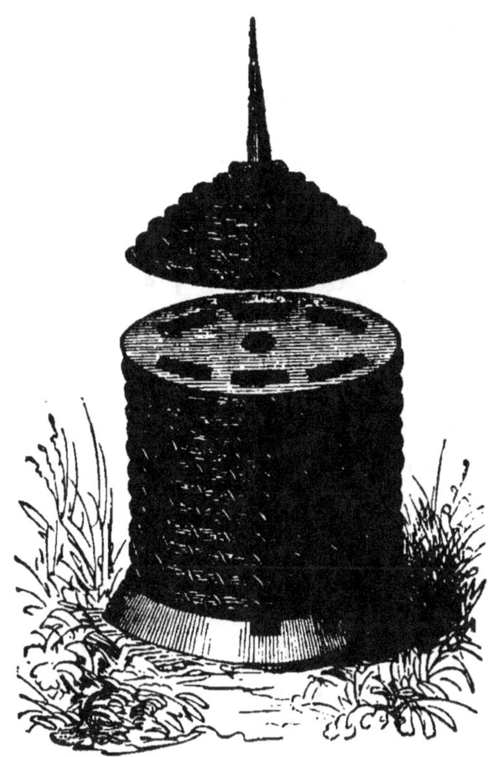

Ruche villageoise.

35 centimètres de hauteur sur un diamètre d'égale dimension ; l'autre plus petite, bombée, servant de couvercle, n'ayant pas plus de 15 centimètres de haut.

Le corps de la ruche se compose de rouleaux de paille serrés, de deux en deux centimètres, par un lien plat, et bordés extérieurement, aux deux extrémités, d'un second rouleau destiné à asseoir solidement la ruche sur son plateau, et à donner plus de facilité pour attacher deux corps de ruche l'un sur l'autre, quand cette opération devient nécessaire.

A la partie supérieure du corps de ruche, au niveau du dernier rouleau, se trouve une planchette formant plafond percée d'ouvertures pour donner passage aux abeilles; au-dessous de ce plafond, la ruche est pourvue d'une traverse en bois débordant de chaque côté, servant de poignée pour enlever la ruche, et aussi de fiche pour y attacher le couvercle, qui est muni d'une traverse correspondante. L'intérieur porte quatre baguettes superposées, pour donner appui aux rayons ; enfin, une ouverture placée tout à fait au bas est réservée pour l'entrée et la sortie des abeilles.

Le couvercle de la ruche est bombé, et percé, au sommet, d'un trou dans lequel s'insère un manche conique, retenu à l'intérieur par deux petites traverses en croix. Les deux premiers rouleaux qui la dessinent ont le même diamètre que le corps de ruche, mais les autres rouleaux rentrent insensiblement.

Dans ce système, toutes les ruches villageoises doivent avoir un diamètre uniforme, et leurs couvercles doivent également s'adapter exactement à tous les corps de ruche de ce genre : un moule règle l'uniformité du diamètre.

La ruche villageoise est généralement en paille ; aisée à confectionner, peu dispendieuse et offrant de la facilité pour opérer la récolte du miel et faire les mariages, elle a réalisé un véritable progrès sur la ruche commune; mais, dans son établissement primitif, elle n'était pas exempte de défauts : elle divisait les abeilles alors qu'elles ont surtout besoin de concentrer leur chaleur au milieu de la ruche ; il fallait un fil de fer pour détacher le couvercle, ce qui brisait des cellules, faisait couler le miel, tuait un certain nombre d'abeilles; et chose encore plus grave , le renouvellement des vieux gâteaux dans le corps de ruche présentait autant de difficulté que dans la ruche commune. Tous ces inconvénients ont disparu aujourd'hui, grâce aux améliorations dont la ruche villageoise a été l'objet de la part de Radouan, habile apiculteur; il a remplacé la planchette faisant plafond supérieur par des baguettes de 1 centimètre de

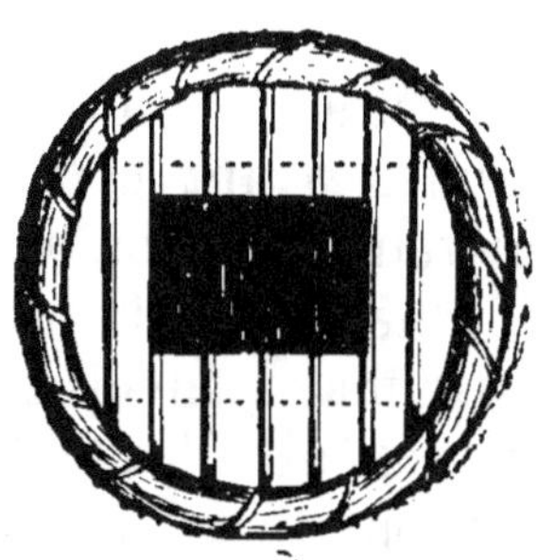

Plancher à claire-voie.

large, placées à 3 centimètres les unes des autres : les abeilles ainsi ne sont plus séparées ; il a fait mieux encore : en divisant le corps de ruche en plusieurs parties, il a transformé la ruche Lombard en une ruche à hausse, et en a fait par là une des meilleures dont on puisse se servir dans la plupart des localités et pour tous les cas connus.

La ruche normande comprend : 1° un corps de ruche de 35 centimètres de diamètre, sur 32 centimètres de haut, percé, à son sommet, d'un trou de 3 à 4 centimètres qu'on ferme avec un bouchon de paille, de bois ou de liège ; 2° d'une calotte de 28 centimètres de diamètre, et d'une hauteur variable.

Ruche normande.

Les dimensions de la calotte ne sont pas rigoureusement les mêmes, ainsi

4

que le corps de ruche : elles se règlent sur la richesse florale du pays. Plus il y a de fleurs, plus on peut lui donner d'ampleur; on obtient ainsi beaucoup de miel, mais au détriment des essaims, car toutes les fois qu'on donne plus d'espace aux abeilles avant la formation des essaims, elles n'émigrent pas, ou du moins les sorties sont considérablement diminuées. La calotte se place avant l'essaimage, lorsque les plantes sont en pleine floraison; les abeilles y travaillent d'autant plus vite, que la population de la ruche est plus forte; on peut, du reste, les amener à y construire promptement : il suffit d'attacher à son sommet une *greffe* ou fragment de rayon qu'on fait descendre le plus près possible du trou qui met en communication le corps de ruche avec la calotte; à défaut de rayon, on prend une baguette ou une paille, et on la fait aboutir à l'ouverture supérieure du corps de ruche : l'effet est le même; les abeilles, guidées par ce signe conducteur, ne tardent pas à bâtir leurs rayons dans la calotte.

La calotte est un moyen sûr de se procurer du miel de la plus belle qualité, exempt de pollen et de couvain, les abeilles logeant toujours leurs provisions de miel dans le haut de la ruche; lorsque la calotte est munie de *bâtisses*, c'est-à-dire de gâteaux vides, les abeilles se mettent immédiatement à l'œuvre, et la transforment en dépôt à miel.

Toute ruche, quelle que soit la matière dont elle est construite, bois, liége ou paille, qui est percée d'une ouverture à sa partie supérieure et peut recevoir un vase quelconque, devient, par cette double addition, une ruche à calotte; les ruches carrées du Midi se prêteraient avec profit à cette transformation; de ruches fort médiocres en leur état habituel, on en ferait, presque sans dépense, d'assez bonnes ruches.

Aux environs de Caen, où la ruche normande est surtout usitée, la calotte se place à la fin d'avril ou dans les premiers jours de mai, époques de l'entrée en fleurs du colza et du sainfoin ; on l'enlève quand cette floraison est passée, et que les magasins sont remplis. Cette opération se pratique par un beau temps et dans le milieu du jour ; on enfume les abeilles avec de la bouse de vache sèche à laquelle on a mis le feu ; on détache avec un couteau la calotte dont on a chassé les abeilles au moyen de la fumée, on la place sur un sol uni, et on enveloppe ses bords de terre, sauf en un endroit qui doit servir d'issue aux abeilles retardataires ; quand elles sont toutes parties, on porte la calotte en lieu sûr, pour la soustraire au pillage des ruches environnantes.

Avec la ruche normande à calotte, nulle difficulté pour marier deux ruches ensemble ; on place l'un des deux corps de ruche sous celui qui doit recevoir les deux populations ; à l'aide de la fumée, les abeilles monteront aussitôt dans la ruche supérieure, et si les deux ruches ont été préalablement enfumées, la fusion s'opérera sans combat. Cette ruche n'est point un obstacle aux essaims artificiels ; on peut les pratiquer, comme avec la ruche commune, en expulsant les abeilles, et, mieux encore, en plaçant un corps de ruche vide au-dessus de celui où se trouvent les abeilles ; il faut seulement avoir soin que le trou de communication soit élargi : la mère abeille montera dans la ruche supérieure aussitôt que les gâteaux atteindront le sommet de la ruche inférieure, et ne tardera pas à pondre dans les cellules d'ouvrières ; la ruche qu'elle aura désertée se fera, en peu de temps, une reine avec le couvain renfermé dans les cellules royales, ou à son défaut avec des larves d'ouvrières n'ayant encore mangé ni miel, ni pollen; c'est le moment opportun pour séparer les deux ruches superposées.

Construction aisée et peu coûteuse, récolte facile du miel, renouvellement et transvasement aussi simples que possible, produits supérieurs, et transport sans embarras et sans danger, telles sont les qualités de la ruche normande à calotte; elle ne le cède qu'aux ruches à hausses.

Toute ruche composée de plusieurs cadres posés les uns sur les autres, qu'elle soit en bois ou en paille, est une ruche à hausses. Elle peut comprendre deux, trois ou quatre cadres et se terminer par une calotte légèrement bombée.

De ce que les hausses sont destinées à s'appliquer les unes sur les autres, il en résulte qu'elles doivent toutes avoir la même dimension pour pouvoir s'ajuster avec précision; sans leur rien ôter de leur uniformité, on leur donne plus ou moins de capacité, selon que les contrées sont plus ou moins riches en fleurs.

Ruche à hausses.

Les hausses sont quelquefois fabriquées avec du bois, mais le plus ordinairement avec de la paille; chacune d'elles mesure de 11 à 12 centimètres de hauteur sur 32 ou 33 centimètres de diamètre. Dans beaucoup de localités, elles communiquent toutes entre elles sans la moindre séparation, et portent chacune, à leur partie supérieure, une traverse en croix destinée à fournir un appui aux gâteaux ; quand elles sont pleines, elles contiennent environ six kilogrammes de miel ; dans les ruches en bois, les cadres sont maintenus en place à l'aide de crochets et de pitons.

Les ruches à hausses en paille sont formées de plusieurs rouleaux placés les uns au-dessus des autres et embrassant la même circonférence. Dans les ruches bien faites, le cordon supérieur de chaque hausse est doublé extérieurement d'un second cordon qui le déborde ; il sert de support au pourget, et contribue à lier plus solidement le couvercle à la hausse supérieure, et celle-ci aux autres qui la suivent : des pointes de fer rendent l'assemblage plus expéditif.

Certains apiculteurs ont coutume d'établir une séparation entre les hausses au moyen de planchettes percées de trous ; mais l'expérience prouve que, par ce système, les abeilles sont exposées à souffrir du froid en hiver, et même à périr de faim lorsque, paralysées par l'engourdissement, elles ne peuvent gagner les réserves de miel placées au haut de la ruche après avoir consommé les provisions du bas. On a remédié à cette méthode vicieuse en substituant au plancher plein de petites barres de bois distantes entre elles d'un peu plus de 2 centimètres, taillées inférieurement en biseau, et laissant en outre un vide au milieu de ce plancher à claire-voie ; elles réunissent le double avantage de ne point arrêter les abeilles dans leurs travaux, de leur permettre de concentrer leur chaleur dans la saison rigoureuse et de faciliter la séparation des cadres. La ruche à hausses répond à toutes les exigences qu'elle doit satisfaire. Elle est susceptible d'accroissement ou de diminution, suivant les circonstances ; elle rend très-facile le mariage des ruches faibles; l'essaimage artificiel et le renouvellement des gâteaux s'y pratiquent sans la moindre difficulté; on y obtient du miel de première qualité, et on le récolte très-aisément; par sa construction fort simple et son prix peu élevé, elle s'adresse à toutes les bourses, et peut être adoptée dans toutes les localités; son seul petit inconvénient est de demander un peu plus de soins que les autres ruches. Mais quel ami des abeilles s'arrêterait devant cette difficulté? En apiculture, comme en toute autre industrie, l'incurie ou l'indifférence ne fait pas la réussite; le succès régulier est toujours le prix d'un certain travail, poursuivi avec intelligence jusque dans les plus petits détails.

Indépendamment des principales ruches dont il vient d'être question, il en existe encore un grand nombre d'une construction plus ou moins ingénieuse; les plus remarquables, sous ce rapport, sont les ruches à rayons mobiles et les ruches à feuillets, dites aussi d'observation, parce qu'elles ont été inventées pour étudier les mœurs des abeilles; le prix élevé des premières et le but spécial des autres ne sont pas du ressort d'un ouvrage élémentaire ayant sur tout en vue le côté pratique et économique de l'apiculture.

Quel que soit le système de ruches qu'on adopte, on ne doit pas les placer à terre, où l'humidité et les animaux de toute sorte les attaquent promptement; il faut les dresser sur des *plateaux* appelés aussi *tabliers*.

Le plateau peut être en pierre, en ardoise, en plâtre, et, mieux encore, en bois. Suivant la forme des ruches, il est rond ou carré; son diamètre doit déborder de cinq à six centimètres celui de la ruche.

Les plateaux en bois se composent généralement de

deux planches rabotées à leur face supérieure, et assemblées, sans rainure, au moyen de tasseaux qu'on y élève en dessous. Si les ruches ne sont pas destinées à être transportées, on donne aux plateaux une épaisseur de quatre centimètres, afin de pouvoir y pratiquer une entaille pour la sortie des abeilles; celle-ci, à peine sensible à son point de départ dans la ruche, va se creusant par degrés jusqu'à l'extrémité du plateau. Lorsque les ruches doivent voyager on donne moins d'épaisseur aux plateaux, mais alors on ne peut les entailler, il faut ménager une porte au bas même de la ruche : inconvénient réel pour les ruches à hausses, puisqu'il est nécessaire de répéter l'entrée sur chacun des cadres qui, tour à tour, sont destinés à devenir la base du corps de ruche.

Le tablier repose sur quatre piquets fichés en terre pour les ruches carrées, sur trois piquets disposés en triangle pour les ruches rondes, quelquefois aussi sur un trépied mobile; le tablier doit déborder le support de plusieurs centimètres, afin d'empêcher les mulots et autres bandits de cette espèce d'arriver sur la plate-forme. Autant que possible, les piquets seront en bois dur, chêne, orme, acacia; on prolonge singulièrement leur durée en faisant passer par le feu et le goudron la partie qui doit s'enfoncer en terre. Une légère inclinaison sur le devant donnée au tablier facilite l'écoulement des vapeurs qui s'échappent de la ruche sous forme de gouttelettes; elle rend aussi plus facile aux abeilles l'enlèvement des débris et des cadavres dont elles ont à se débarrasser.

Outre son plateau, la ruche réclame encore un complément lorsqu'elle est à l'air libre : il faut la couvrir d'une enveloppe de paille connue sous le nom de *chemise* ou *surtout*, qui a pour objet de garantir les abeilles dans leur logis des variations brusques de l'atmosphère, de leur procurer de la fraîcheur en été en les abritant des rayons directs du soleil et de les défendre contre le froid en hiver. La paille de seigle, à cause de sa consistance, est celle qu'on emploie généralement à cet usage. On prend une demibotte, ou en retranche les épis, et on l'égalise avec soin au bout opposé. Après l'avoir fortement liée près de son extrémité supérieure avec du fil de fer ou de l'osier, on l'ouvre pour en coiffer la ruche; cela fait, on la fixe avec des cerceaux ou du fil de fer; le pot à fleurs dont on encapuchonne la tête du surtout contribue à la maintenir, et empêcne la pluie de s'infiltrer au dedans. Quelquefois le surtout dépasse le tablier; d'autres fois il s'arrête à quelques centimètres au-dessus du plateau; dans tous les cas, il doit être rogné à l'endroit correspondant à la porte, afin que les abeilles puissent entrer et sortir librement.

Les ruches posées sur leurs plateaux et garnies de surtouts peuvent être laissées en plein air, ainsi que cela se pratique ordinairement, ou mises à couvert sous un bâtiment spécial; dans le premier cas, on les distribue en lignes le long d'une haie ou à quelque distance d'un mur pour leur servir d'abri.

L'emplacement et la disposition du rucher n'ont rien d'absolu; on se guide, à cet égard, sur les exigences locales et les ressources dont on peut profiter; quelques règles générales cependant peuvent fournir d'utiles indications.

Avant tout, il faut mettre les ruches à l'abri des grands vents et d'une humidité permanente, leur pire fléau. Dans les lieux bas où les eaux séjournent longtemps, les gâteaux sont sujets à moisir et les abeilles exposées à la dyssenterie ; dans les endroits élevés où sévissent les bourraques, les abeilles sont précipitées à terre et toujours contrariées pour leurs sorties et leurs rentrées ; lorsque les vents violents bálayent l'entrée de la ruche, les essaims sont considérablement retardés dans leur départ ; il importe donc de préserver, autant que faire se peut, le devant de la ruche de l'action directe des grands vents et de ceux qui amènent habituellement la pluie.

L'exposition du sud-est, dans le Nord, l'Est, le Centre et l'Ouest de la France, est la meilleure : c'est celle qui défend le mieux les abeilles contre la pluie, les rafales et les ardeurs d'un soleil trop vif. Dans le Midi, l'orientation du nord est sans inconvénient, souvent même avantageuse ; l'exposition de l'est, trop vantée, amène fréquemment au printemps de fâcheux résultats pour les abeilles : alléchées par l'apparition matinale du soleil, elles sortent prématurément de la ruche et trouvent bientôt, au dehors, une température glaciale ou des vents furieux qui les saisissent, les paralysent et en tuent un grand nombre.

Le voisinage des étangs et des grands cours d'eau doit être évité, surtout si des vents impétueux prenaient leur direction du rucher vers ces surfaces ; les abeilles risqueraient d'être emportées par les bourrasques et de se noyer.

Tout bruit, tout mouvement violent, inquiète les abeilles et les gêne dans leurs travaux : c'est faire entendre qu'on ne doit pas placer les ruches près des chemins très-fréquentés, ni dans le voisinage d'usines retentissantes ; en revanche, il y a opportunité à les tenir près de l'habitation, lorsque ses allures ordinaires sont paisibles, et que chevaux et voitures ne passent pas sans cesse auprès des ruches : on est ainsi plus à portée de les surveiller et de leur donner les soins minutieux qu'elles réclament dans certains temps de l'année.

A l'air libre, comme sous un toit, les ruches doivent être disposées avec ordre, sur une seule ligne quand l'espace le permet, et à 32 centimètres les unes des autres ; sur deux rangs et en quinconce, si l'on est gêné par l'emplacement, et en ménageant un passage suffisant entre les lignes.

Dans les ruchers couverts, figurés le plus souvent par un hangard long et étroit, on peut avoir un ou deux étages : le premier part à 32 centimètres du sol ; le second s'élève, au-dessus de celui-ci, de 1 mètre environ, et se trouve à une égale distance de la toîture ; de bonnes planches, soutenues de distance en distance par des montants, servent de support aux plateaux et aux ruches ; chacune de ces dernières exige une largeur de 1 mètre 50 centimètres pour être manœuvrées facilement ; un mètre courant suffit pour deux ruches en paille dont le diamètre n'excède pas 35 centimètres.

Le rucher n'est jamais mieux couvert qu'avec de la paille ou des roseaux ; il faut avoir soin de faire déborder assez la toîture pour que la pluie ne frappe pas sur les ruches. La porte du rucher s'ouvrira sur un des côtés. Vis-à-vis, à l'autre extrêmité, on ménagera une ouverture destinée à établir un moyen de ventilation, si le besoin s'en fait sentir dans les fortes chaleurs ; un corridor intérieur dessert le rucher.

Tout rucher, couvert ou à l'air libre, doit être tenu avec la plus grande propreté ; son accès sera sévèrement interdit aux chiens, aux chats, ainsi qu'à tout animal malfaisant. Non loin de l'emplacement qu'il occupe, il est utile de planter quelques arbustes, tels que marsaules, seringas, lilas, où les essaims puissent s'abattre à leur sortie ; il est bon également de l'entourer des arbres fréquentés par les abeilles, comme pommiers, poiriers, pruniers, amandiers, cerisiers, si recherchés par elles au printemps ; les allées plantées et les massifs leur fourniront les tilleuls, acacias et marronniers sur lesquels elles se plaisent à butiner ; enfin, les champs leur offriront leurs richesses florales, et les jardins mettront à leur service leurs fleurs si variées, véritables dépôts de miel et de pollen dont l'industrie des abeilles sait largement profiter.

CHAPITRE II

ACHAT ET TRANSPORT DES ABEILLES.

L'achat des abeilles est le moyen qu'il faut nécessairement employer quand on n'a pu encore se procurer d'essaims par ses propres ruches. On est si souvent trompé dans ces sortes d'aquisitions, qu'on fera bien d'y renoncer, et de recourir à ses ressources personnelles, aussitôt qu'on aura commencé à monter son rucher : mieux vaut se contenter, pendant quelque temps, d'un petit nombre de paniers, que de s'exposer à n'avoir que des ruches dans de mauvaises conditions, incapables de se soutenir par leurs provisions, et qu'on serait obligé de nourrir chèrement pendant la saison rigoureuse.

Le temps qui suit l'essaimage et la fin de l'hiver sont les deux époques les plus favorables pour acheter des abeilles.

Dans l'acquisition d'une ruche, plusieurs points essentiels sont à examiner.

Il ne faut pas que les gâteaux soient trop vieux. S'ils sont jaunâtres, ou si leur teinte est seulement un peu plus foncée, les constructions datent de l'année : marquez cette ruche d'un signe, pour la reconnaître lorsqu'il sera question de l'enlever. Au contraire, les rayons sont-ils roux-brunâtres, la ruche est vieille, elle ne convient pas ; les cellules, selon toute probabilité, contiennent un grand nombre de coques, du vieux pollen, et peut-être renferment-elles aussi des œufs de galleries : l'ennemi se trouverait dès lors au cœur de la place ; à aucun prix il ne faut l'introduire chez soi.

Le premier essaim de l'année, ou celui de l'année précédente, s'il ont, l'un et l'autre, une population active et abondante, ainsi qu'une jeune reine sans déauts, méritent la préférence. On peut les acheter avec la ruche ou sans la ruche ; mais toutes les fois que les circonstances le permettent , il vaut mieux loger les abeilles dans une ruche neuve : on est certain qu'elle ne récèle pas d'ennemis latents. Le marché se fait souvent avant l'essaimage. Dans ce cas, on convient du poids minimum que l'essaim doit avoir, abstraction faite de celui de la ruche. Un bon essaim pèse ordinairement deux kilogrammes et contient environ 20,000 abeilles ; on fixe ensuite l'époque à laquelle la livraison sera faite, attendu que les essaims secondaires, souvent trop faibles, ont de la peine à passer l'hiver.

Règle générale, il n'est pas prudent d'acheter au moment de l'essaimage ; on ne sait pas, à cette époque, comment se comportera l'essaim ; il peut perdre sa reine avant d'avoir les moyens de s'en procurer une autre ; il peut encore manquer d'activité si la saison n'est pas favorable, et arriver, de la sorte, vers la mauvaise saison, sans avoir de provisions suffisantes. On court assurément moins de risques quand les abeilles ont presque complété leurs enmagasinements ; on sait mieux à quoi s'en tenir sur la valeur réelle de la ruche : à cette époque, elle ne doit pas peser moins de quatre kilogrammes en miel pour pouvoir traverser, sans difficulté, la mauvaise saison.

Tout acheteur qui comprend son intérêt, se garde bien de laisser le vendeur désigner la ruche à emporter, il se réserve le choix, et, s'il s'agit de paniers de plus d'un an, il prendra les plus lourds, partant les plus peuplés et les mieux garnis de provisions.

Les achats faits au premier printemps, dans le courant de mars ou d'avril, présentent cette considération, que les chances fâcheuses de l'hiver sont passées et que les abeilles ont devant elles toute la belle saison pour remplir leurs magasins et donner peut-être, en même temps, un ou deux essaims ; cet avantage se paye naturellement un peu plus cher : bien souvent, c'est une économie. Le point essentiel, à cette époque de l'année, est d'acheter des ruches d'un bon poids, riches surtout en population, fussent-elles d'ailleurs médiocrement approvisionnées de miel : le déficit sera bien vite comblé par l'activité de nombreuses ouvrières.

Il existe plusieurs moyens de reconnaître si une ruche est largement pourvue d'habitants ; examinez-la dans les premiers jours d'avril, par un brillant soleil. Si les sorties et les rentrées se succèdent presque sans interruption, la conclusion n'est pas douteuse, cette ruche est bien peuplée. On peut tirer la même conséquence si, soulevant le panier, le matin ou le soir au coucher du soleil, on voit les abeilles descendre jusque sur le plateau et garnir cependant tous les gâteaux. On s'assure encore de l'état de la ruche en la frappant de plusieurs coups avec le doigt : le bruit sourd et prolongé qu'elle fait aussitôt entendre, donne la réponse affirmative qu'elle ne chôme pas de butineuses.

L'enlèvement des ruches qu'on vient d'acheter exige certaines précautions.

Le transport peut se faire, à la rigueur, en toute saison, pourvu que les deux ruchers soient éloignés l'un de l'autre de deux ou trois kilomètres, et qu'on ait soin de ne pas laisser les abeilles manquer d'air en été, et qu'on les garantisse d'un froid rigoureux en hiver.

Septembre et octobre, mars et avril sont néanmoins les temps le plus propices pour effectuer cette opération, généralement exécutée pendant la nuit. Pour y procéder, on attend que toutes les abeilles soient rentrées au logis. Avant de détacher la ruche de son plateau, on y introduit un peu de fumée ; quand elle a été séparée, on la soulève légèrement, et on l'enfume de rechef, mais plus fortement que la première fois, afin de faire monter les abeilles dans la partie supérieure ; on glisse alors une serpillière sous la ruche, et, après l'avoir bien enveloppée et liée avec une corde, on la met dans une voiture dans sa position naturelle, sur deux lattes au-dessous desquelles est étendu un bon lit de paille : des liens, partant des barreaux de la voiture et se rattachant à la ruche, la maintiennent d'aplomb et la rendent à peu près immobile, ou du moins annihilent l'effet des secousses que lui fait éprouver le pas modéré d'un cheval. Quand l'acheteur demeure à une petite distance du vendeur, au lieu de placer la ruche sur une voiture, on la renverse dans une hotte qu'un homme porte à dos : ce mode de transport, préférable à tout autre en petit, est inapplicable à de grandes distances et quand on veut faire voyager plusieurs ruches à la fois. Si les deux ruches se trouvent dans la même localité, celui qui a fait l'acquisition d'un essaim récemment sorti de la ruche mère, devra le transporter, dès le jour même où on l'aura recueilli ; il est d'observation, en effet, que l'essaim, au moment de son départ, adopte presque toujours, sans difficulté, l'emplacement qu'on lui destine, tandis que si plusieurs jours se sont écoulés depuis sa sortie, un grand nombre d'abeilles retournent à la ruche mère, où elles se font tuer par les ouvrières pour qui elles ne sont plus que d'odieuses étrangères.

Le transport, opération toujours assez délicate, demande une attention particulière dans un cas donné, celui où il s'agit de ruches de deux ans au plus, remplies de couvain et de provisions. Les rayons, comme on sait, sont attachés aux parois de la ruche par des empâtements en cire. Dans les circonstances ordinaires ces moyens de consolidation suffisent pour empêcher les gâteaux de tomber ; mais lorsqu'on transporte les ruches d'un lieu à un autre, il est nécessaire de soutenir les rayons avec des baguettes, de peur qu'ils ne se détachent, n'engluent et n'écrasent les abeilles. On prévient ces accidents en garnissant la ruche d'un double renfort de baguettes croisées.

Lorsque le voyage est achevé, que les abeilles sont arrivées, à bon port, au lieu de leur destination, on les place, aussi doucement que possible, sur les plateaux qui doivent les recevoir : il faut les tenir un peu soulevées au moyen de cales, afin que l'air y pénètre ; projetant alors de la fumée au-dessous de la serpillière, on détache les liens et on enlève l'enveloppe qui enfermait les abeilles ; elles quittent bientôt le tablier et la partie basse de la ruche pour monter dans la partie supérieure ; quelques nouvelles bouffées de fumée accélèrent leur ascension : l'opération se trouve ainsi heureusement terminée.

CHAPITRE III

La multiplication des abeilles peut avoir lieu de deux manières : par des *essaims naturels*, lorsqu'on laisse les abeilles émigrer librement, ou bien par des *essaims forcés* ou *artificiels*, quand on les oblige à quitter la ruche mère pour passer dans une autre ruche.

A. — *Essaims naturels.*

On sait déjà que la sortie bruyante des mâles vers le milieu du jour, et la persistance d'une partie des abeilles à *faire la barbe*, c'est-à-dire à se grouper à l'entrée de la ruche et sur le plateau, sont ordinairement l'indice d'un essaimage prochain, accéléré ou retardé par l'état de la température; le bruissement prolongé que les abeilles font entendre aux approches de la nuit, le petit nombre de butineuses partant pour la picorée ou revenant des champs, annoncent également, d'une manière presque certaine, que la ruche se dispose à essaimer; l'apiculteur soigneux s'empresse de mettre ces signes à profit. Il lui faut d'abord faire provision de ruches. N'en a-t-il que de vieilles à sa disposition, il en retirera les rayons, les nettoiera de toutes leurs impuretés, et, pour être bien sûr qu'elles ne contiennent pas d'œufs de galleries, il les flambera légèrement à l'intérieur. Les ruches neuves n'ont pas besoin de ces préliminaires, il suffit de les mouiller avec de l'eau salée ou miellée, un peu avant de s'en servir. Il va sans dire qu'on doit être pourvu d'un masque en fil de laiton, d'une paire de gants épais, assez longs pour être noués sur la manche, et d'un camail qui enveloppe la tête et le cou ; ces précautions prises contre la piqûre des abeilles, on se munit des différents objets que nécessite la cueillette d'un essaim : plumeau, sable fin, vase rempli d'eau avec pompe à main, serviette, ainsi que bouse de vache sèche ou tout autre fumeron, accompagné d'un réchaud destiné à enfumer les abeilles. Lorsque tout est préparé, on dispose les ruches sur des plateaux vides, et l'on fait sentinelle pour épier la sortie de l'essaim.

La saison de l'essaimage varie selon les climats et aussi suivant les années ; elle dure environ six semaines. Elle a lieu, dans le midi de la France, dans les mois d'avril et de mai ; en mai et juin pour le centre et l'est ; dans l'ouest et les contrées à bruyères et à sarrazin, elle se prolonge souvent jusqu'à la fin de juillet.

La plupart des essaims quittent la ruche de dix heures du matin à trois ou quatre heures de l'après-midi. Les abeilles, comme un torrent rapide, se précipitent, pêle-mêle, hors de leur logis et se répandent dans l'air, munies de vivres pour plusieurs jours. Dans ce premier essor, gardez-vous de les inquiéter, et bornez-vous à ne pas les perdre de vue. Généralement, après quelques volées incertaines, l'essaim s'abat aux environs du rucher; s'il paraît vouloir prendre une direction éloignée, on tâche de l'arrêter dans sa course en lui lançant du sable ou de l'eau qui l'atteigne de haut en bas : l'effroyable tintamarre dont on accompagne habituellement sa sortie, ne le détourne en aucune façon de son but, et n'a d'autre effet utile que d'annoncer qu'on poursuit un essaim et de pouvoir en revendiquer la propriété.

Ordinairement, l'essaim s'attache à une branche d'arbre, non loin du rucher, et s'y pelotonne en grappe plus ou moins allongée.

Dès qu'il s'est fixé, qu'il n'y a plus qu'un petit nombre d'abeilles voltigeant autour de la grappe, on tâche de le garantir des rayons du soleil, au moyen d'une toile ou d'une serviette, et l'on s'occupe de le recueillir. Si l'essaim s'est arrêté sur un arbre, on tient la ruche renversée au-dessous et le plus près possible de la branche où il s'est posé et on l'y fait tomber par une vive secousse ou bien en le détachant avec un plumeau. Lorsque la disposition des branches ne permet pas de placer la ruche au-dessous de l'essaim, on la tient au-dessus, dans sa position naturelle, et on y fait monter les abeilles soit en les excitant avec le plumeau, soit en les chassant à l'aide de la fumée, si le premier moyen ne suffit pas. Aussitôt que la ruche a reçu la plus grande partie des abeilles, on la porte sur un plateau en ayant soin de la tenir un peu soulevée avec une cale ou des baguettes. Les abeilles ainsi recueillies roulent d'abord sur le plateau, la tête baissée, le ventre en l'air, sortent en foule, et font mine de vouloir prendre de nouveau leur volée. Si la reine se trouve dans la ruche, les ouvrières suspendent leur marche, agitent violemment leurs ailes et se mettent en état

Essaim d'abeilles.

de bruissement. A ce rappel, les abeilles rentrent dans la ruche; l'opération a réussi; on y met fin en chassant avec de la fumée les abeilles encore sur l'arbre, elles ne tardent pas à se réunir au reste de la troupe. Une heure après que toutes les abeilles ont été recueillies, on enlève cales et baguettes, et on asseoit définitivement la ruche sur son plateau.

Autant que possible, la nouvelle ruche doit être placée à une certaine distance de celle dont l'essaim est sorti, de peur qu'il n'aille rôder autour et ne cherche à y rentrer : il serait encore reçu dans la ruche mère s'il ne s'était pas écoulé plus de vingt-quatre heures depuis sa sortie, mais, après ce temps, l'introduction ne se passerait pas sans combat, quelque précaution qu'on prît; cependant il n'est pas rare de voir l'essaim, peu de temps après sa sortie, rentrer dans la ruche d'où il est parti. Quand la mère abeille est rentrée avec la troupe, on peut être sûr qu'il se fera un nouvel essaimage dès le lendemain, s'il fait beau, ou quelques jours après. Mais si les abeilles ont regagné seules leur premier logis, c'est qu'un accident a empêché la mère de rentrer; selon toute probabilité elle est perdue pour la ruche, et celle-ci attendra l'éclosion d'une jeune reine pour jeter un nouvel essaim huit ou neuf jours après sa première sortie.

Rien de plus facile que de ramasser l'essaim quand il est fixé à terre; on pose la ruche au-dessus, en la tenant soulevée d'un côté par une cale, on l'abrite des rayons du soleil, et l'on force les abeilles à monter dans la ruche en les enfumant légèrement. Si l'essaim s'est fixé à un tronc d'arbre ou contre un mur, on l'asperge d'eau, et on le fait ensuite tomber avec le plumeau sur un carton qu'on vide chaque fois dans la ruche.

Il est des cas néanmoins où la cueillette ne

s'opère pas avec autant de facilité. Ainsi, lorsque l'essaim s'est logé dans le creux d'un arbre ou dans un trou de mur, on n'a d'autre ressource, si le trou a son entrée très-étroite, que d'y enfoncer à plusieurs reprises un plumeau fortement trempé d'eau miellée, pour engluer les abeilles; quand il est suffisamment chargé, on le secoue avec précaution dans la ruche; cette opération ne laisse pas que d'être assez longue et assez délicate. L'ouverture de l'excavation permet-elle d'y introduire la main, la difficulté est moindre, on puise l'essaim avec une cuiller à potage et on le verse petit à petit dans la ruche. Lorsque l'essaim s'est fixé sur un arbre, à une certaine hauteur, le concours de deux personnes est nécessaire pour le recueillir; l'une d'elles, armée d'une longue perche, tend la ruche au-dessous de l'essaim, l'autre, montée dans l'arbre, secoue la branche où les abeilles se sont fixées; pour cette opération, on se sert également avec succès d'un sac garni d'un cerceau qu'on présente au bout de deux perches, sous la branche à laquelle l'essaim est attaché; quand on l'a fait tomber dans le sac au moyen de secousses de bas en haut, on le verse dans la ruche qui l'attend.

Il peut arriver qu'en secouant la branche sur laquelle l'essaim s'est fixé, la reine, au lieu de tomber dans la ruche avec une partie des abeilles, s'envole et vienne de nouveau se poser sur la branche; les abeilles quittent alors la ruche où elles étaient entrées, et retournent près de la reine; dans ce cas, on attend qu'elles soient bien réunies : dès qu'elles formeront un groupe épais, on placera la ruche au-dessous de la branche, et, par une vive secousse, on les y fera tomber.

La reine, une fois entrée dans la ruche, n'y reste

pas toujours; on a vu des essaims abandonner à plusieurs reprises, les ruches où on les avait recueillis ; pour peu que les abeilles persistent à déserter, on emploie le plumeau après les avoir aspergées; on peut avoir aussi recours à une autre ruche arrosée intérieurement d'eau miellée ou salée, si la fumée n'a pas réussi.

Quelquefois deux essaims, sortis de deux ruches, viennent s'abattre au même endroit; ils peuvent être fixés l'un près de l'autre, ou confondus dans une même grappe. Dans le premier cas, après avoir écarté les abeilles avec un plumeau ou un fumeron, on les recueille séparément; dans le second cas, comme il y a tout avantage à avoir des essaims plutôt forts que faibles, on recueille l'essaim double de la même manière que les autres, et si la ruche qui le reçoit est trop petite pour le contenir, on y ajoute une hausse; dans cette réunion de deux essaims en une seule ruche, il y a nécessairement bataille entre les deux reines; la plus forte ou la plus adroite tue l'autre, et tout est dit.

Lorsqu'un certain nombre de ruches essaiment en même temps, il arrive parfois que trois ou quatre essaims se fixent ensemble au même endroit. Après s'en être emparé, on verse avec précaution cet essaim multiple à terre, de manière à n'en faire tomber, chaque fois, que le tiers ou le quart; une personne recouvre, à l'instant, d'une ruche chacun de ces fragments d'essaim, puis, aidé de la fumée, on force les abeilles récalcitrantes de chacun de ces groupes à monter dans leur ruche respective; en moins d'une demi-heure, ils seront tous complètement isolés; chaque ruche fera bientôt connaître si elle possède une reine. Là où se trouve la mère abeille, calme complet dans l'essaim ; au contraire, tout est trouble et agitation là où il n'y a pas de mère ; il suffira dès lors de rapprocher cette dernière ruche de celle qui est pourvue d'une reine : la réunion s'opérera sans la moindre difficulté, et marchera très-vite, si l'on s'aide d'un peu de fumée pour mettre les abeilles en bruissement de rappel.

Il est une circonstance où, bien que deux reines soient chacune dans un groupe séparé, les abeilles d'un essaim tendent toujours à quitter leur groupe pour se réunir à l'une des deux reines seulement : c'est lorsqu'une ruche a jeté un essaim secondaire qui s'est réuni à un essaim primaire. La cause de cette réunion obstinée est facile à saisir. La reine du premier essaim est une ancienne mère déjà fécondée avant son départ de la ruche-souche, la reine de l'essaim secondaire ne l'est pas encore ; les abeilles des deux essaims s'attachent exclusivement à la reine en état de pondre normalement : aussi, chaque fois qu'on les en sépare, cherchent-elles toujours à la rejoindre. Si les deux essaims sont faibles, n'hésitez pas à n'en faire qu'un ; les essaims, on ne saurait trop le répéter, prospèrent d'autant mieux, qu'ils sont plus forts ; l'une des deux reines disparaîtra et les deux groupes réunis travailleront aussitôt de concert avec une commune ardeur. Mais si les essaims sont décidément trop forts, procédez à leur séparation, car lorsqu'il y a exubérance de population, la ruche perd de son activité, les abeilles ne travaillent plus en proportion de leur nombre, et elles sont exposées à jeter de nouveaux essaims ; ceux-ci, partant trop tard, ne peuvent, dans les années médiocres avec lesquelles il faut toujours compter, récolter assez de provisions pour supporter la mauvaise saison.

Les essaims secondaires, ainsi appelés parce qu'ils arrivent après que les ruches ont déjà essaimé quelques jours auparavant, partent toujours avec une jeune mère, tandis que les essaims primaires sont accompagnés de la mère abeille. Ils partent ordinairement huit ou neuf jours après le premier essaim; leur migration s'annonce la veille ou l'avant-veille, par le chant particulier de la jeune reine retenue dans sa cellule.

La sortie a lieu le plus ordinairement de midi à trois heures. Lorsqu'une ruche doit fournir plusieurs essaims secondaires, le second départ arrive huit ou neuf jours après le premier essaim. Le troisième suit le second de trois ou quatre jours, le quatrième s'effectue deux ou trois jours après.

Les essaims secondaires sont très-sujets à caprices; il n'est pas rare de les voir partir plusieurs fois de la ruche et y rentrer à diverses reprises, avant de se fixer définitivement; encore ne restent-ils jamais longtemps à l'endroit où ils se sont posés; la plupart du temps, ils s'égarent dans de hautes et lointaines volées si l'on ne se presse de les recueillir.

Outre l'affaiblissement que les essaims répétés causent à la ruche-souche, ils ont souvent la mauvaise idée de se séparer en plusieurs petites grappes dont la réunion, si la saison est avancée, ne compose jamais qu'une ruche médiocre. Dans les années peu favorables il y a avantage à s'opposer à leur sortie: il s'agit pour cela de détruire les alvéoles royaux, ou d'enlever une partie du miel ou des rayons le jour même de la sortie du premier essaim.

Tels sont les cas les plus fréquents qui se présentent dans la cueillette des essaims naturels. Comme on le voit, il n'est pas toujours facile de s'en rendre maître :

il faut surveiller avec soin leur sortie; ils peuvent s'abattre hors de la propriété et à de grandes distances. Ils se fixent quelquefois de telle sorte, qu'il est impossible de s'en emparer; il peut arriver enfin qu'au moment où la ruche est près d'essaimer, la pluie ou le vent empêche l'essaim de sortir; si le mauvais temps persistait pendant un certain nombre de jours, les ouvrières finiraient par abandonner la garde des cellules royales : la ruche alors n'essaimerait pas. Les essaims naturels ne suffisent donc pas toujours ; c'est pourquoi, dans bien des circonstances, on a recours aux essaims artificiels.

B. — *Essaims artificiels.*

Enlever d'une ruche la reine et une partie des abeilles qui l'habitent, pour les faire passer dans une autre ruche, tel est le but des essaims artificiels ; on sépare ainsi par force une population qui, quelques jours plus tard, se serait séparée elle-même librement.

Plusieurs conditions sont nécessaires pour pratiquer l'essaim artificiel. On ne doit procéder à cette opération que dans la saison de l'essaimage, huit ou dix jours avant la sortie naturelle de l'essaim ; il faut de plus que la ruche sur laquelle on agit, possède des mâles à l'état adulte, et qu'indépendamment d'une mère abeille, elle ait de jeunes reines dans les alvéoles royaux ou, à leur défaut, des larves d'ouvrières qui n'aient pas encore atteint tout leur développement : dans ce dernier cas, les abeilles agrandissent la cellule d'un ver qui était destiné à devenir ouvrière, et lui donnent une nourriture spéciale qui le transforme en véritable femelle.

L'essaim artificiel peut se faire par transvasement ou par division : la première méthode s'applique à toute espèce de ruches; la seconde convient aux ruches à hausses et aux ruches à cadres mobiles.

Pour opérer par transvasement, on choisit une heure où une partie des abeilles soit aux champs. Après avoir enlevé le surtout, on enfume légèrement les abeilles afin de pouvoir manipuler à son aise; on décolle ensuite la ruche, et on la transporte à un endroit quelconque, en la mettant à l'ombre. Cela fait, on la renverse sens dessus dessous en enfonçant sa partie supérieure dans un trou en terre ou dans un tabouret dont le siége a été enlevé, de manière qu'elle ne puisse vaciller. Au-dessus de la ruche remplie d'abeilles, on en place une autre vide, d'un diamètre semblable, et on les attache toutes deux, après les avoir enveloppées d'une toile : les ouvertures sont bouchées au moyen d'une serviette qui forme cravate au point de jonction des deux ruches. Lorsque ces préparatifs sont terminés, on se met à tambouriner sur le bas de la ruche pleine, afin d'effrayer les abeilles, mais sans ébranler cependant les gâteaux. On tambourine rapidement pendant trois ou quatre minutes, puis on s'arrête. Pendant ce répit, les abeilles enfermées dans la ruche inférieure se gorgent de miel; on reprend le tambourinage; les abeilles, de plus en plus troublées, se mettent bientôt en marche et montent dans la ruche supérieure, la mère abeille les suit. A mesure qu'on frappe à coups précipités au pourtour de la ruche inférieure et en s'élevant par degrés, le bruissement s'accentue davantage, un bourdonnement général ne tarde pas à se faire entendre, toute la foule se porte vers la ruche vide, on continue le tambourinage accéléré jusqu'à ce que le bourdonnement des abeilles soit devenu plus fort dans la ruche supérieure que dans la ruche du bas : c'est signe que la plus grande partie des abeilles est arrivée à sa destination. On est alors parvenu, en frappant, jusqu'au point de jonction des deux ruches; on ne pousse pas plus loin, mais on s'empresse d'enlever la toile et les liens, et de séparer les ruches. La ruche supérieure est mise sur un plateau à quelque distance de la ruche inférieure à laquelle on rend sa place accoutumée, pour recevoir les abeilles de retour de leurs excursions.

Le nombre des abeilles qui doivent composer l'essaim artificiel ne saurait être déterminé, mais il est toujours bon de faire cet essaim un peu fort. En effet, le couvain près d'éclore remplace bientôt les abeilles enlevées de la ruche mère, et les ouvrières qui se trouvaient dehors au moment de l'opération ne tardent pas à y rentrer; une certaine quantité d'abeilles de la nouvelle ruche en fait autant; il n'y a donc pas à s'inquiéter du sort de cette ruche. Le point essentiel, dans ce transvasement, est de faire passer la reine dans sa nouvelle ruche, autrement toutes les abeilles retourneraient à la ruche mère; du reste, on reconnaît facilement si l'opération a réussi. La reine est-elle entrée dans la nouvelle ruche, des ouvrières se placent à la porte et sonnent le rappel : toutes les abeilles de rentrer à l'envi. Au contraire, si la reine ne s'y trouve pas, les abeilles abandonnent la nouvelle ruche et retournent à leur logement primitif : l'opération est manquée, on en est quitte pour la recommencer; en y procédant de suite, quelques piqûres se feront peut-être sentir, mais la réussite est à peu près certaine. Ce qui se passe dans la ruche mère permet également d'apprécier le résultat du transvasement. Si la reine a quitté sa propre ruche, les ouvrières qui reviennent des champs entrent dans la ruche mère et n'en sortent plus ; le plus grand silence y règne pendant quelques heures ; mais s'il s'y trouve des cellules royales, les abeilles délivrent la jeune reine éclose la première ; les travaux dès lors recommencent comme auparavant.

L'emplacement qu'occupent les deux ruches aussitôt après le transvasement, n'est que provisoire ; quelques heures après que l'opération est terminée, lorsque la présence de la mère abeille dans la nouvelle ruche est attestée par le calme dont jouit l'essaim artificiel, on l'installe définitivement à la place de la ruche mère et l'on porte celle-ci sur le tablier d'une forte ruche. Cette dernière est placée, non loin de là, dans le rucher.

Lorsqu'on agit sur la ruche Lombard-Radouan, l'essaim artificiel se pratique ainsi qu'il suit. On prend un réchaud carré de 44 à 48 centimètres de haut sur 36 centimètres de large et garni de planchettes. Celle qui forme l'extrémité supérieure du réchaud est percée d'une lunette grillée de 28 à 32 centimètres de diamètre ; on ménage, sur un des côtés, une petite ouverture pour introduire les matières destinées à enfumer les abeilles.

Après avoir détaché le couvercle du corps de la ruche, on met les abeilles en bruissement, puis on ôte la ruche du plateau pour l'asseoir dans sa position naturelle sur le réchaud et l'on met à la place qu'elle occupait un corps de ruche vide où se rendent les abeilles à leur retour des champs. Ce corps de ruche est surmonté du couvercle de la ruche mère. On enfume cette dernière, et on lui adapte, bout à bout, une ruche vide complète dans toutes ses parties. Les abeilles, chassées par la fumée et excitées par le tambourinage, montent dans la ruche vide en formant une chaîne le long des parois des deux ruches. Dès qu'il est passé assez d'abeilles pour former un bon essaim, on sépare avec précaution les deux ruches, on pose définitivement la nouvelle ruche sur le tablier occupé par la ruche mère et l'on porte la ruche privée d'une partie de sa population à la place d'une forte ruche qu'on installe à son tour dans le voisinage.

Avec les ruches à hausses, l'essaim artificiel se fait souvent par division. Cette opération se pratique de plusieurs manières ; l'une des plus usitées a été parfaitement décrite par M. l'abbé Collin, dans son excellent *Guide du propriétaire d'abeilles.* « On enlève d'abord, dit-il, avec la pointe d'un couteau le pourget qui se trouve entre la hausse supérieure et celle qui la suit ; on arrache les pointes ou les chevilles qui pourraient relier ces deux hausses, afin que le fil de fer dont on aura à se servir joue librement. L'ouverture du couvercle est ensuite débouchée, on en profite pour lancer de fortes bouffées de fumée, afin de forcer les abeilles à descendre dans les hausses inférieures, et pour prévenir leur fureur. A l'instant même, on passe le fil de fer entre la hausse supérieure et la suivante en attaquant en même temps tous les gâteaux et non de flanc. Dès qu'ils sont coupés, une des personnes enlève la hausse supérieure, pendant que l'autre place une hausse vide dessous ; toutes les ouvertures pouvant donner passage aux abeilles sont calfeutrées, puis on laisse la ruche en cet état pour la nuit, afin de donner aux abeilles le temps de remonter, de sucer le miel et de réparer les brèches faites à leurs édifices.

Le lendemain, de 5 à 7 heures du matin, on souffle d'abord un peu de fumée par l'entrée, puis on s'arrête pour donner aux mouches le temps de se mettre en mouvement ; on recommence à souffler et on s'arrête encore quelques instants ; c'est l'affaire de huit à dix minutes pour les faire monter dans la hausse vide, si déjà elles n'y sont arrivées. On enlève alors les deux hausses supérieures qu'on place sur un plateau, à quelque distance de la souche. Sans perdre de temps, on recouvre les hausses inférieures d'un couvercle dont il faut, à l'instant même, calfeutrer le pourtour. Tout est terminé pour le moment. La question est de savoir si on a réussi : on le saura deux ou trois heures après. Examinez l'essaim : si les abeilles paraissent dans un repos parfait, c'est que la mère s'y trouve, l'essaim a réussi. On le portera à la place de la souche, celle-ci à la place d'une ruche lourde et forte, et cette dernière à quelque distance dans le rucher. Dans aucun cas, il ne faut séparer la souche de son plateau ; les gâteaux n'étant plus attachés au plafond, le moindre dérangement, le moindre choc les ferait incliner ou tomber. »

Les essaims artificiels présentent d'incontestables avantages. On peut les faire à volonté, avant l'époque ordinaire des sorties ; on risque bien moins de les perdre, et l'on n'est pas obligé de monter une garde assidue auprès de la ruche mère, comme pour les essaims naturels, au moment où ils ont lieu. En revanche, il faut une certaine habitude pour opérer à propos ; il faut, en outre, nourrir l'essaim artificiel, ainsi que la ruche-souche, quand le temps est contraire après la division effectuée, car les abeilles, surprises par cette séparation forcée, n'ont pu, à ce moment, se munir de vivres pour plusieurs jours, comme le font les abeilles qui essaiment librement; la ruche, enfin, pour être en état de fournir un essaim artificiel, doit être riche en population et en miel, deux conditions qu'on ne néglige pas impunément. Passé la saison des essaims naturels, quand les abeilles commencent à faire la guerre aux mâles, on ne doit plus faire d'essaims artificiels.

CHAPITRE IV

DES SOINS A DONNER AUX ABEILLES.

Les soins que réclament les abeilles ne sont pas les mêmes à toutes les époques de l'année, ils varient à chaque saison. Indépendamment des règles générales relatives à la manière dont on doit se comporter à l'égard des abeilles, telles que celles de les visiter souvent, sans bruit et sans mouvements brusques, afin que les abeilles se familiarisent avec l'apiculteur et ne soient pas gènées par sa présence, il est certains principes qui peuvent guider utilement dans leur culture : voici les plus importants à connaitre.

Au sortir de l'hiver, la première chose à faire est de s'assurer de l'état des ruches. Lorsque le froid a été très-rigoureux ou l'humidité extrême, il est rare que quelques ruches n'aient pas plus ou moins souffert ; plus d'une abeille aura péri ; d'autres peuvent être mourantes ; plusieurs auront à peu près épuisé leurs provisions ; les vieux rayons auront besoin d'être rajeunis ; seules les ruches lourdes et très-peuplées pourraient, à la rigueur, se passer d'être visitées, car elles sont pleines d'activité, elles se sont déjà débarrassées des morts, elles ont nettoyé le plateau de tous débris, enlevé le vieux pollen des cellules et, selon toute vraisemblance, leurs magasins sont bien garnis ; mais encore faut-il être certain que, même dans cet état satisfaisant : elles ne laissent rien à désirer, elles doivent donc aussi être soumises à la visite.

Le mois de mars convient particulièrement pour une revue générale du rucher. A cette époque, en effet, il y a peu de couvain et il n'occupe qu'une petite portion du centre de la ruche ; de plus, c'est le moment le plus critique pour les populations faibles qui n'avaient, à l'automne, que juste leur approvisionnement d'hiver : leur salut dépend du secours qui leur est apporté à temps.

Et d'abord, aux plus malades le médecin.

Une ruche ne montre-t-elle ni abeilles sortantes ni abeilles rentrantes ; ne fait-elle entendre aucun bruit à l'intérieur ; aperçoit-on, en la soulevant, un grand nombre d'ouvrières gisant sur le plateau et toutes les autres immobiles entre les gâteaux, mauvais présages : la population entière va périr de froid ou de faim, si on ne la tire de ce mauvais pas. Sans perdre de temps, portez cette ruche, enveloppée d'une toile, dans une pièce suffisamment chaude, renversez-la sens dessus dessous, et répandez sur la toile qui emprisonne les abeilles du miel liquide : elles viendront bientôt s'en emparer à travers le réseau. Quand elles en auront absorbé près de deux cents grammes, remettez, le soir même, la ruche sur son plateau, dans sa position normale, et enveloppée de sa toile : le froid fera remonter les abeilles dans les rayons ; le lendemain matin vous les enfumerez légèrement à travers la toile, et, bientôt après, vous les dégagerez de toute entrave.

En soulevant cette autre ruche, vous la trouvez bien légère, et vous vous apercevez qu'elle n'a presque plus de provisions, n'hésitez pas à lui faire des avances de miel et faites-les-lui généreusement : elle est suffisamment peuplée, elle ne demande qu'à vivre pour devenir prospère. D'après M. l'abbé Collin, une ruche qui, au 20 mars, possède encore en magasin deux kilogrammes de miel, peut aller jusqu'au 1er mai avec cette ressource; si elle lui manque, il faut, de toute nécessité, lui venir en aide, et ne pas oublier que des abeilles qu'on nourrit, consomment plus que celles qui vivent sur leur fond. A défaut de miel, on peut se servir de mélasse dans la proportion de deux tiers contre un tiers d'eau.

Certaines précautions sont nécessaires pour donner le miel aux abeilles. Il doit toujours être liquide et froid. Il ne faut le distribuer qu'après le coucher du soleil, sous peine, dans le jour et par un beau temps, d'exposer la ruche à être pillée. Il faut le mettre le plus possible à leur portée, de manière qu'il soit en contact avec les rayons. Un vase à large diamètre, tel qu'un plat ou une assiette, convient mieux qu'un récipient étroit pour donner le miel; on a soin de répandre, au-dessus, des brins de paille, ou mieux, des parcelles de bouchons de liége. Chaque ruche, en général, ne doit recevoir, à la fois, que la quantité de miel qu'elle peut emmagasiner dans une nuit : 500 grammes suffisent pour une population médiocre; 1 kilogramme n'est pas trop pour une forte ruche. Toutefois, par un temps pluvieux où le pillage n'a jamais lieu, on peut donner, en une seule fois, aux abeilles la nourriture dont elles ont besoin : elles n'en abusent jamais, et l'on a l'avantage de les déranger le moins possible, considération qu'il ne faut pas perdre de vue, la prospérité du rucher en dépend.

Quelque opération qu'on ait à exécuter, même lorsqu'il s'agit simplement de placer ou de retirer le vase à miel, il ne faut jamais toucher aux ruches sans les avoir préalablement enfumées : « La fumée, dit spirituellement M. l'abbé Collin, est un ambassadeur qui réussit toujours à négocier une paix honorable entre les parties; » c'est le seul moyen de calmer l'effervescence des abeilles, et de manipuler en toute sécurité.

A partir de la troisième année, les gâteaux ne sont plus d'un jaune doré, ils brunissent et finissent par passer du brun foncé au noir de suie; dans cet état les cellules durcissent de plus en plus, et s'encombrent de coques qui rétrécissent le berceau des abeilles et nuisent à leur développement. En général, les ruches dont les bâtisses ont plus de cinq ans ne prospèrent plus, leurs constructions doivent être renouvelées, si l'on veut qu'elles fournissent encore du miel et des essaims. A-t-on affaire à une ruche commune, après avoir enfumé les abeilles, on décolle la ruche, on l'enlève de son plateau et on la tient renversée : dans cette position, on coupe tous les gâteaux horizontalement, à une profondeur de dix à douze centimètres, jusqu'à ce qu'on arrive au couvain qu'on respecte. Même manière de procéder, s'il s'agit de gâteaux moisis. Avec des ruches à hausses, on opère autrement, mais rien de plus simple. Si la ruche se compose de quatre cadres et n'a qu'une population faible, on supprime les deux dernières hausses; si la ruche est forte et comprend seulement trois hausses, on retranche la troisième. A mesure qu'on enlève une ou plusieurs hausses supérieures, on les remplace par autant de hausses dans le bas ; par cette opération répétée chaque année, la ruche, sans cesse renouvelée, ne vieillit jamais.

Là se bornent les principales opérations à exécuter
en mars ; il est sous-entendu que les plateaux ont été
râclés, brossés, nettoyés, et qu'après avoir réparé les
surtouts on les a remis en place. Le rucher est alors
laissé tranquille et l'on ajourne la seconde revue au
15 ou 20 avril.

A cette époque, plus de doute sur la qualité des
ruches, il suffit de les voir à l'œuvre. Excellente est
la ruche dont la population se presse aux portes, qui
voit rentrer, par minute, une trentaine d'abeilles
chargées de pollen, tandis que d'autres, sur le seuil,
agitent vivement leurs ailes pour renouveler l'air de
l'intérieur. Celle qui la suit ne montre pas plus de
vingt butineuses par minute, mais les rentrées et les
sorties sont incessantes : marquez-la d'une bonne
note. La troisième ne présente pas la même anima-
tion ; elle n'a que trois ou quatre ventilatrices à la
besogne, et, dans l'espace d'une minute, on n'aperçoit qu'une dizaine d'abeilles rentrant les pattes chargées de pollen ; cette ruche provient d'un essaim de
la dernière année, elle n'essaimera pas, mais, vers la
fin de l'été, elle sera très-lourde et très-populeuse : à
ranger parmi les bons paniers.

Il n'en est plus de même de cette dernière ruche.
Très-peu de sentinelles à la porte, à peine quelques
butineuses par minute, faisant leur rentrée : à coup
sûr, elle ne renferme qu'une faible population. Au
lieu de chercher à la conserver en lui retranchant
tous ses gâteaux vides, coupez le mal dans sa racine,
mariez-la au plus tôt à une ruche voisine, elle n'a pas
d'avenir.

C'est surtout à cette époque qu'il faut se rappeler
la maxime qu'on n'a de profit qu'avec des ruches
lourdes et très-peuplées ; les suppressions sont à l'or-

dre du jour pour toutes celles que l'hiver a considérablement endommagées, qui ont perdu leur mère ou
n'ont pas de couvain d'ouvrières. On profite, pour
faire l'exécution, d'une belle journée où les butineuses
soient aux champs. On enfume légèrement la ruche à
supprimer ; on la secoue avec précaution pour faire
tomber à terre d'abord le tiers, ensuite la seconde partie et enfin le reste du panier ; les abeilles, en se rele-
vant, n'ont qu'une idée fixe, regagner leur domicile,
mais ne trouvant plus qu'un plateau, elles vont
demander l'hospitalité et droit de bourgeoisie aux
ruches voisines : ils leur sont accordés sans difficulté.

Dans les localités sujettes à être infestées par les
galleries, on surveille les ruches d'une façon toute
spéciale au printemps. Si vous apercevez sur les plateaux des débris de cire et des granules noirs, l'ennemi est chez vous, tâchez, sans retard, de le détruire ; visitez aussi les surtouts : la fausse-teigne, à
cette époque, s'y loge fréquemment.

Si la température, après s'être fort adoucie dans
les premiers jours du printemps, redevenait froide,
comme il arrive trop souvent, si des vents violents
ou des pluies continues empêchaient les abeilles de
sortir, il faudrait s'assurer du poids des ruches, et si
quelques ruches n'avaient plus de provisions, on les
nourrirait avec du miel, de la cassonnade ou du sirop.
Le miel, à cette époque de l'année, ne doit pas être
ménagé : il s'agit de sauver les ruches et de favoriser
l'éducation du couvain, afin que les essaims, sortant
de bonne heure, puissent faire d'abondantes récoltes.

Aux approches de l'essaimage, on prépare les paniers pour recevoir les essaims. Lorsque l'émigration
a commencé, il faut avoir constamment l'œil au guet
pour empêcher les essains naturels de se perdre ; il

faut aussi porter son attention sur les ruches qui ont déjà jeté et qui pourraient s'épuiser en essains secondaires : on sait déjà qu'on s'oppose à la sortie de ces derniers en portant, le jour même ou le lendemain du départ du premier essaim, l'essaim primaire à la place de la ruche-souche, et celle-ci sur un autre point du rucher : les pertes successives que cette mutation lui aura fait éprouver, l'empêcheront d'essaimer de nouveau. Après l'essaimage, certains apiculteurs procèdent à la récolte du miel.

Les soins à donner aux abeilles en été sont moins compliqués que ceux du printemps, ils ont aussi leur valeur.

Dans les contrées à bruyères et à sarrazin, on profite souvent de la floraison prochaine de ces plantes pour rajeunir les vieilles ruches ; une année, on soumet la moitié des rayons à une taille complète, et, l'autre année, on agit de même sur la seconde moitié ; tous les gâteaux se trouvent ainsi renouvelés dans l'espace de deux ans, il n'en coûte que le sacrifice d'un petit nombre d'abeilles.

Quand on habite un pays pauvre, voisin de contrées où l'on récolte, sur une grande échelle au printemps, du colza, du sainfoin, en été des bruyères et du sarrazin, il y a souvent avantage à faire transporter les ruches dans ces contrées.

La récolte du miel commence dès que les abeilles ont commencé à se débarrasser des mâles. Remettre cette opération à la fin de l'été, quand il n'y a presque plus de fleurs aux champs, comme quelques-uns ont coutume de le faire, c'est exciter la convoitise des abeilles voisines des ruches qu'on exploite, et risquer de les faire piller après qu'elles auront été dépouillées d'une partie de leur miel. Aussitôt qu'on s'aperçoit de l'invasion, il faut rétrécir l'entrée de la ruche attaquée, tout en y laissant assez de largeur pour que deux abeilles puissent passer de front. Si le combat est déjà commencé, calfeutrez tout le pourtour de la ruche pour empêcher les émanations du miel, cause principale du délit, et tâchez d'éloigner les assaillantes en les aspergeant d'eau. Ces moyens sont-ils impuissants, le pillage va-t-il son train, il ne reste plus d'autre ressource que de transporter la ruche à une assez grande distance, à 200 mètres par exemple, ou mieux encore de la porter hors du rucher, enveloppée d'une serpillière : on tient les abeilles ainsi cloîtrées pendant 24 heures, et on ne leur rend ensuite la liberté qu'à l'entrée de la nuit. Le pillage est, le plus souvent, le résultat de la négligence ou de l'imprudence. Ne pas transporter en lieu sûr les gâteaux de miel aussitôt qu'ils sont récoltés ; les laisser près du rucher ; donner de la nourriture aux abeilles en plein jour de soleil, sans rétrécir leurs portes, c'est appeler gratuitement les voleurs ; ils n'ont pas coutume de se faire beaucoup prier. Les essaims secondaires privés de reine sont généralement plus exposés au pillage que les autres ruches.

Vers la fin de l'été, plusieurs soins sont à observer. Comme il est coûteux de nourrir les abeilles pendant la mauvaise saison, et comme, malgré cette dépense, on a beaucoup de peine à leur faire passer l'hiver, toutes les ruches faibles de population ou qui n'ont pas de six à sept kilogrammes de miel en septembre, doivent être réunies ; de deux, on n'en formera qu'une seule. Cette opération n'est pas rigoureusement circonscrite dans un délai fatal, on peut la pratiquer, soit dans la première semaine d'août, après la récolte du miel, soit dans la première quinzaine d'octobre : elle varie selon les différents genres de ruches sur lesquelles on doit agir.

Dans les ruches communes, on commence par mettre en état de bruissement les deux ruches à réunir ; on renverse l'une sens dessus dessous, et on ajuste l'autre au-dessus : toutes les ouvertures, sauf l'unique entrée, sont hermétiquement closes : on enfume de nouveau. Les abeilles installées dans la ruche supérieure consommeront le miel du bas avant de toucher aux provisions du haut ; au printemps, suppression de la ruche vide.

La réunion n'offre pas plus de difficulté avec les ruches à calotte. Enlevez la calotte de la ruche que vous voulez supprimer ; placez, au-dessus de son corps, l'autre ruche en ménageant une porte à chaque ruche et en mettant les abeilles des deux ruches en communication au moyen d'un petit rayon. Il va de soi que, conformément aux principes, avant comme après la réunion, les deux ruches ont été mises en état de bruissement à l'aide de la fumée : à la fin de mars, la ruche du bas disparaîtra.

On procède de la manière suivante avec les ruches à hausses. On enlève le bouchon qui ferme le couvercle de la ruche A, et on profite de cette ouverture pour enfumer ses abeilles ; à l'instant où elles se réfugient vers la porte, on glisse un fil de fer entre la hausse supérieure et le couvercle qu'on enlève ; c'est alors qu'on place la ruche B au-dessus de la ruche A, dont les gâteaux sont mis à nu ; les deux ruches sont scellées à leurs points de jonction, seulement on y laisse une petite entrée ; la porte de la ruche B reste ouverte, ce qui fait deux entrées pour cette ruche double. Pendant l'hiver, les abeilles consomment le miel du bas, avant de toucher à celui du haut dans la ruche B ; au printemps, la ruche inférieure n'a plus ni miel ni couvain, on la supprime.

Dans la saison d'hivernage, les ruches sont au repos, l'apiculteur, à son tour, doit respecter ce chômage. Visiter, de fois à autre, le rucher pour voir si les surtouts n'ont pas été dérangés par le vent et si toutes les portes sont libres ; aux temps de neige, dégager les entrées, telles sont les seules précautions à observer ; celles qu'on a prises avant la mauvaise saison, permettent d'espérer que les ruches bien peuplées et suffisamment approvisionnées seront en état de reprendre activement leurs travaux quand l'hiver sera passé.

CHAPITRE V

Se procurer du miel et de la cire, tel est le but final de la culture des abeilles. Il s'en faut qu'elles en produisent en égale abondance dans toutes les années ; l'état de l'atmosphère, la nature des plantes de chaque contrée, et leur végétation plus ou moins prospère, amènent, à cet égard, de grandes différences. Les temps doux favorisent particulièrement la sécrétion du miel ; les temps froids, les pluies continues, le vent du nord lui sont très-contraires ; par la rosée ou par la pluie, les ouvrières ne bâtissent jamais. Certains signes indiquent que les abeilles ont fait une bonne ou une mauvaise journée ; dans le premier cas, les sorties et les rentrées sont aussi actives à sept heures du soir qu'en plein midi ; une forte odeur de miel s'exhale des ruches et celles-ci font entendre, à l'intérieur, un fort bruissement, vers le coucher du soleil ; dans le second cas, émanations presque nulles autour du rucher, peu de bruissement au logis, travail rallenti, sur toute la ligne, aux approches du soir.

On est encore très-partagé, en France, sur l'époque où il convient le mieux de récolter le miel. Dans un grand nombre de localités, on a coutume de *tailler* les ruches vers la fin de l'été ; d'autres le font après les premiers essaims ; plusieurs, enfin, remettent cette opération au printemps ; les ressources florales de chaque contrée jouent un grand rôle dans ces préférences ; il semble toutefois rationel d'exploiter les ruches quand les abeilles ont à peu près achevé leurs approvisionnements ; on sait mieux alors à quoi s'en tenir sur l'état de chaque ruche, et l'on n'est pas exposé à regarder des espérances, plus ou moins fondées, comme une réalité. Quelle que soit, du reste, l'époque qu'on adopte, il ne faut songer à tailler que les ruches lourdes, bien peuplées et bien approvisionnées, et, dût-on pécher par quelque excès, mieux vaudrait assurément être trop réservé, que de récolter à contre-temps et sans modération : les abeilles ne consomment que ce qui leur est strictement nécessaire pour vivre et élever le couvain, elles ne gaspillent jamais leurs richesses ; on est toujours donc assuré de retrouver avec usure, à la prochaine moisson, l'excédent de provisions qu'on leur a laissé.

La manière de récolter varie selon qu'on agit sur des ruches communes, sur des ruches à calotte ou sur des ruches à hausses.

Avant tout, pour ne point opérer à l'aveuglette, il importe de connaître le poids des ruches, afin de savoir si les provisions excèdent ou non les besoins de la mauvaise saison. Au moyen d'une corde passée sous la ruche, on l'accroche à un peson ; l'aiguille indique le poids total de la ruche. Pour déterminer la quantité de miel qu'elle contient, on retranche de 1 à 2 kilogrammes pour le poids des abeilles, 300 grammes pour le couvain, 1 kilogramme 500 gr. pour la cire ; le poids du panier se vérifie sur celui d'une ruche vide semblable, le reste représente le poids du miel : au delà de 6 à 7 kilogr. destinés aux approvisionnements d'hiver, tout le reste est de bonne prise.

La taille peut être partielle ou totale. Quand on opère sur une ruche commune, on lance d'abord quelques bouffées de fumée par la porte; on décolle ensuite la ruche, et on la tient soulevée avec une cale pour mettre les abeilles en état de bruissement par un second tour de fumée. Ces préliminaires achevés, on porte la ruche au laboratoire, près des ustensiles dont on a eu soin de se munir d'avance, tels que couteau à détacher les rayons, terrines vernissées et tamis pour recevoir le miel, seau plein d'eau pour le lavement des mains, quelques tuiles pour couvrir les ruches à tailler, un enfumoir, du pourget et enfin un plumeau. Les rayons à miel une fois reconnus, on place une tuile creuse sur la partie occupée par le couvain ; les abeilles, effrayées par la fumée et par les coups qu'on frappe sur la ruche, se retirent sous cet abri, on enlève les gâteaux laissés à découvert. Lorsque, en dépit de la fumée, les abeilles ne veulent pas quitter les gâteaux, comme cela arrive assez souvent quand il n'y a plus rien à butiner au dehors, il n'est pas facile de s'emparer du miel; les piqûres pleuvent dru comme grêle, les ouvrières s'engluent, et les ruches voisines, alléchées par l'odeur mielleuse, accourent en foule pour prendre leur part d'un butin inespéré : comment échapper à ce chaos? Ce qu'il y a mieux à faire, c'est de porter la ruche dans une pièce fermée; on y effectue la taille; on reporte ensuite la ruche dépouillée sur son plateau, on la lute avec soin, et l'on rend la liberté aux abeilles emprisonnées en leur ouvrant les fenêtres.

La récolte totale du miel, avec ce système de ruche, se fait la plupart du temps d'une façon déplorable; pour couper court aux embarras, beaucoup de gens prennent le parti d'étouffer les abeilles avec une mèche soufrée; en un clin d'œil, toutes difficultés ont disparu, et, aussi avec elle, ouvrières, reine et couvain; tout a péri asphyxié. On peut assurément faire mieux. Au lieu de détruire les vieilles ruches et de sacrifier celles dont les provisions sont insuffisantes ou qui n'ont plus de mères, enfumez le panier à supprimer, faites-en autant à la ruche voisine qu'il n'est pas question de détruire; ôtez cette dernière de son plateau et substituez-lui l'autre panier en le renversant sens dessus dessous, et en le recouvrant avec la ruche déplacée; après avoir enfumé les deux ruches, bouchez-les avec soin aux points de jonction, et ne leur laissez qu'une seule entrée: voici ce qui va se passer. La réunion aura pour effet d'amener la mort d'une des deux reines, l'autre élira domicile dans la ruche supérieure. Le couvain de la ruche du bas achevera d'éclore, mais ne sera pas remplacé; vingt et un jours après l'opération, quand toutes les jeunes abeilles seront arrivées à leur complet développement, vous enlèverez la ruche inférieure pour la porter dans un endroit frais, les abeilles l'abandonneront bientôt d'elles-mêmes, et vous procéderez, sans entraves, à l'enlèvement des gâteaux: la ruche supérieure, cela va de soi, aura été remise auparavant sur son plateau, au moment où vous aurez transporté l'autre.

Nulle difficulté d'aucune espèce pour récolter le miel dans les ruches à calotte; on choisit une belle journée chaude de juillet pour opérer.

Après avoir décollé et soulevé la calotte pour y lancer quelques bouffées de fumée, on l'enlève et on la pose sur le sol à quelques pas de la ruche, en ayant soin de fermer son pourtour par un cordon de terre, sauf en un seul endroit où l'on ménage une petite entrée. Pendant ce temps, un aide bouche l'ouverture supérieure du corps de ruche, et enlève toute trace de miel existant sur ce point. Les abeilles renfermées dans la calotte ne tardent pas à en sortir par l'issue réservée ; dès qu'elles ont quitté la calotte, on la transporte dans le local où le miel doit être manipulé. Si, par aventure, la mère abeille était restée dans la calotte, les abeilles n'en délogeraient pas spontanément : loin de là, elles y feraient des recrues ; on met fin à cet état de choses au moyen du transvasement. On coiffe la calotte habitée par une calotte vide, on les clôt toutes les deux par une serviette, et, s'aidant du tambourinage, on fait monter les abeilles dans la calotte supérieure, puis on les rend à leur ruche.

Dans les ruches à hausses, la récolte peut s'effectuer à l'aide des deux moyens qu'indique M. l'abbé Collin.

« Le premier consiste à placer, en mai, un chapeau par-dessus les ruches à trois hausses. Les hausses suffisent pour loger le couvain et les provisions d'hiver, et, quand le chapeau renferme du miel, on est à peu près assuré de pouvoir le prendre sans nuire aux abeilles ; il n'y a donc pas grande nécessité de peser la ruche. Pour enlever le chapeau et se débarrasser des abeilles, on opère comme pour la ruche à calotte.

« Le second moyen exige que, au fur et à mesure des besoins, on ajoute successivement de nouvelles hausses par-dessous les ruches. Une ruche à quatre hausses est presque toujours assez grande pour loger le couvain et le miel que les abeilles peuvent amasser, même dans une bonne année. Le poids brut d'une telle ruche peut aller à 30 kilogr. Veut-on procéder à la récolte, on passe un fil de fer entre la hausse supérieure et la voisine, et sur celle-ci on adapte immédiatement un couvercle plat. On en fait autant les années suivantes, et les gâteaux se trouvent ainsi renouvelés périodiquement. »

Maintenant que la récolte est terminée, procédons sans retard à la manipulation du miel; il est chaud en sortant de la ruche, il se laissera plus facilement séparer du marc. La pièce destinée à servir de laboratoire doit être suffisamment éclairée, et surtout bien close, afin de n'être pas envahie par les abeilles. On commence par dégager les rayons des traverses qui les soutiennent; avec le couteau on les détache, on les extrait de la ruche, et de suite on en fait plusieurs lots. Les gâteaux, formés de cire nouvelle, ne contenant que du miel sans pollen, et qui n'ont jamais servi de berceaux, constituent le premier lot. Le second comprend les rayons où les cellules à miel et à pollen sont mêlées et où le miel se trouve logé dans des alvéoles ayant reçu du couvain. Le dernier lot se composera des vieux gâteaux dont les cellules à miel sont entremêlées d'alvéoles à pollen, et où certaines cellules contiennent des abeilles mortes et du vieux pollen ou même du couvain; avant de façonner ces derniers gâteaux, on les purge des matières étrangères qu'ils renferment. Le triage effectué, on place les gâteaux sur des tamis de crin, au-dessus de terrines vernissées à l'intérieur : la véritable opération commence.

Pour le miel vierge ou de première qualité, on se borne à enlever les opercules avec un couteau et on laisse couler naturellement le miel. Quant aux deux autres qualités, on brise les gâteaux et on en fait couler le miel sur une toile ou sur un tamis, au-dessus de la terrine. Le miel contenu dans les marcs est extrait au moyen d'une presse ou bien en exposant ces restes informes à la chaleur d'un four dont on a retiré le pain.

Le miel varie de qualité, non-seulement d'après la manipulation plus ou moins soignée qu'on lui fait subir, mais encore selon ses diverses provenances. Les pays froids et humides en donnent toujours de moins bon que les contrées chaudes et sèches. Toutes choses d'ailleurs égales, le miel des coteaux a plus de prix que celui des plaines. Mais c'est surtout aux plantes sur lesquelles les abeilles l'ont recueilli qu'il doit ses principales qualités. Le miel le plus fin, le plus parfumé, le plus exquis, est fourni par les fleurs de l'oranger, du tilleul et du sainfoin; le thym, la lavande, le romarin et les autres labiées des climats chauds donnent aussi un miel excellent, très-aromatique; le colza, la navette et les autres plantes produisent plutôt un miel abondant que superfin; le moins bon de tous provient de la fleur du sarrazin.

Le miel, au sortir de la ruche, est limpide et filant; avec le temps, il se granule et prend une coloration blanche, légèrement transparente; les miels de bruyère et de sarrazin sont toujours plus ou moins rougeâtres.

Le miel, quand on en a soin, se conserve très-bien pendant plusieurs années; il suffit de l'enfermer dans des barils propres et bien conditionnés, ou de le tenir dans des vases en terre dans un endroit frais, mais à l'abri de l'humidité : dans un local trop chaud, il est sujet à fermenter et à aigrir.

Ce qui reste des gâteaux après l'extraction du miel forme le marc; c'est de lui qu'on retire la cire.

Pour fondre la cire, on remplit d'eau une chaudière
jusqu'au tiers de sa hauteur. Lorsque cette eau est
sur le point d'entrer en ébullition, on y jette de la cire,
de manière qu'elle remplisse les deux tiers du chau-
dron, et l'on entretient un feu modéré. Elle entre
bientôt en fusion; on veille à ce qu'elle ne se répande
pas au dehors et l'on remue, afin qu'elle ne brûle pas
contre les parois. Dès qu'elle est entièrement fondue,
on diminue le feu, et l'on verse la cire dans des sacs
en toile forte; au moyen d'une presse on sépare la cire
en fusion d'avec le marc, et l'on continue de presser,
jusqu'à ce qu'il ne coule plus de cire. A mesure
qu'elle coule, on la reçoit dans un seau à demi rempli d'eau chaude; on la pétrit à plusieurs reprises, et
on la débarrasse de ses impuretés. L'opération terminée, on fait fondre de nouveau la cire, on achève de la
purger des matières étrangères qu'elle retient encore
et on la verse dans un moule; elle s'y refroidit; on la
retire alors du moule; et, dans cet état, si l'opération
a été bien conduite, elle peut être livrée au com-
merce.

APPENDICE

EXPÉRIENCES D'HUBER SUR LES ABEILLES

I

ORIGINE DE LA CIRE.

La cire est-elle véritablement une sécrétion, ou bien provient-elle d'une récolte particulière ? C'est ce que nous voulions savoir.

En supposant qu'elle fût une sécrétion, nous devions d'abord vérifier l'opinion de Réaumur qui conjecturait qu'elle était due à l'élaboration du pollen dans le corps des abeilles. L'expérience était tout indiquée : il suffisait de retenir les abeilles dans leur ruche, et de les empêcher ainsi de recueillir ou de manger des poussières fécondantes. Ce fut le 24 mai que nous fîmes cette épreuve sur un essaim nouvellement sorti de la ruche mère.

Nous logeâmes cet essaim dans une ruche de paille vide avec ce qu'il fallait de miel et d'eau pour la consommation des abeilles, et nous fermâmes les portes

F. Huber

avec soin, afin de leur interdire toute possibilité de
sortir : on laissa cependant un libre passage à l'air,

dont le renouvellement pouvait être nécessaire aux mouches captives.

Les abeilles furent d'abord très-agitées ; nous parvînmes à les calmer en plaçant leur ruche dans un lieu frais et obscur. Leur captivité dura cinq jours entiers. Au bout de ce temps, nous leur permîmes de prendre l'essor dans une chambre dont les fenêtres étaient soigneusement fermées ; nous pûmes alors visiter leur ruche plus commodément ; elles avaient consommé leur provision de miel, mais la ruche, qui ne contenait pas un atome de cire lorsque nous y établîmes les abeilles, avait acquis, dans l'espace de cinq jours, cinq gâteaux de la plus belle cire. Ils étaient suspendus à la voûte du panier ; la matière en était d'un blanc parfait et d'une grande fragilité.

Ce résultat, dont nous ne tirerons pas encore les conséquences, était très-remarquable; nous ne nous étions pas attendus à une si prompte et si complète solution du problème. Cependant, avant d'en conclure que le miel, dont les abeilles s'étaient nourries, les avait seul mises en état de produire de la cire, il fallait s'assurer, par de nouvelles épreuves, qu'on ne pouvait en donner une autre explication.

Les ouvrières, que nous tenions captives, avaient pu recueillir les poussières fécondantes des fleurs lorsqu'elles étaient en liberté ; elles avaient pu faire des provisions la veille et le jour même de leur emprisonnement, et en avoir assez dans leur estomac ou dans leur palette pour en extraire toute la cire que nous avions trouvée dans leur ruche.

Mais, s'il était vrai qu'elle vînt des poussières fécondantes récoltées précédemment, cette source n'était pas intarissable, et les abeilles, ne pouvant plus s'en procurer, cesseraient bientôt de construire des rayons ; on les verrait tomber dans l'inaction la plus complète : il fallait donc prolonger encore la même épreuve, pour la rendre décisive.

Avant de tenter cette seconde expérience, nous eûmes soin d'enlever tous les gâteaux que les abeilles avaient construits pendant leur captivité. Burnens [1], avec son adresse ordinaire, fit rentrer les abeilles dans leur ruche ; il les y enferma, comme la première fois, avec une nouvelle ration de miel. Cette épreuve ne fut pas longue ; nous nous aperçûmes, dès le lendemain au soir, que les abeilles travaillaient en cire neuve ; le troisième jour, on visita la ruche, et l'on trouva effectivement cinq nouveaux gâteaux aussi réguliers que ceux qu'elles avaient faits pendant leur premier emprisonnement.

On enleva, jusqu'à cinq reprises, les gâteaux, en ayant toujours la précaution de ne point laisser échapper les abeilles au dehors. Ce furent toujours les mêmes mouches ; elles furent nourries uniquement avec du miel pendant cette longue réclusion, que nous aurions sans doute pu prolonger encore avec le même succès, si nous l'eussions jugé nécessaire. A chaque fois que nous leur donnâmes du miel, elles produisirent de nouveaux gâteaux ; il était donc hors de doute que cette nourriture excita la production de la cire, sans le concours de poussières fécondantes.

Mais il n'était pas impossible que le pollen eût la même propriété ; nous ne tardâmes pas à éclaircir ce doute par une nouvelle expérience qui n'était que l'inverse de la précédente.

---

1. Domestique fort intelligent et très-dévoué d'Huber, qui était aveugle et qui lui indiquait les expériences à faire et la marche à suivre pour en tirer d'utiles résultats.

Cette fois, au lieu de donner du miel aux abeilles, on ne leur donna, pour toute nourriture, que des fruits et du pollen : on renferma ces abeilles sous une cloche de verre où l'on plaça un gâteau dont les cellules ne contenaient que des poussières accumulées. Leur captivité dura huit jours, pendant lesquels elles ne firent point de cire ; on ne vit pas de plaques sous leurs anneaux. Pouvait-on élever encore quelques doutes sur la véritable origine de la cire ? Nous n'en avions aucun. Il nous parut donc démontré que la partie sucrée du miel met les abeilles qui s'en nourrissent en état de produire de la cire, propriété que les poussières fécondantes des fleurs ne possèdent nullement.

II

DE LA CONVERSION DES LARVES D'ABEILLES OUVRIÈRES EN REINES.

Depuis près de dix ans que je travaille sur les abeilles, j'ai répété tant de fois et avec un succès si soutenu les belles expériences de M. Schirach sur la conversion des abeilles ouvrières en reines, que je ne puis élever le moindre doute à cet égard. Je regarde donc comme un fait certain que, lorsque les abeilles perdent leur reine et qu'elles conservent dans leur ruche des vers d'ouvrières, elles agrandissent plusieurs des cellules dans lesquelles ils sont logés, qu'elles leur donnent non-seulement une nourriture différente, mais en plus forte dose, et que les vers élevés de cette manière, au lieu de se convertir en abeilles ouvrières, deviennent de véritables reines.

Lorsque les abeilles ont perdu leur reine, elles s'en aperçoivent très-vite et, au bout de quelques heures, elles entreprennent les travaux nécessaires pour réparer leur perte.

D'abord, elles choisissent les jeunes vers d'ouvrières auxquels elles doivent donner les soins propres à les convertir en reines, et dès ce moment elles

commencent à agrandir les cellules où ils sont logés.
Le procédé qu'elles emploient est curieux. Après
avoir choisi un ver d'ouvrière, elles sacrifient trois
des alvéoles contigus à celui où il est placé, et élè-
vent autour de lui une cloison cylindrique ; sa cellule
devient donc un vrai tube, à fond rhomboïdal, car
elles ne touchent point aux pièces de ce fond ; si elles
l'endommageaient, il faudrait qu'elles missent à jour
les trois cellules correspondantes de la face opposée
du gâteau, et que, par conséquent, elles sacrifiassent
les vers qui les habitent, sacrifice qui n'était pas nécessaire, et que la nature n'a pas permis. Elles laissent donc le fond rhomboïdal, et se contentent d'élever, autour du ver, un tube cylindrique qui se trouve,
ainsi que les autres cellules du gâteau, placé horizontalement. Mais cette habitation ne peut convenir au
ver appelé à l'état de reine que pendant les trois
premiers jours de sa vie ; il faut qu'il vive les deux
autres jours, pendant lesquels il conserve encore la
forme de ver, dans une autre situation : pour ces deux
jours, portion si courte de son existence, il doit habi-
ter une cellule de forme à peu près pyramidale, dont
la base soit en haut et la pointe en bas. On dirait que
les ouvrières le savent, car, dès que le ver a achevé
son troisième jour, elles préparent le local que doit
occuper un nouveau logement, elles rongent quelques-
unes des cellules placées au-dessous du tube cylindrique, sacrifient sans pitié les vers qui y sont contenus, et se servent de la cire qu'elles viennent de
ronger, pour construire un nouveau tube de forme
pyramidale qu'elles fondent, à angle droit, sur le
premier, et qu'elles dirigent en bas. Le diamètre de
cette pyramide diminue insensiblement depuis sa
base qui est assez évasée jusqu'à la pointe. Pendant

les deux premiers jours que le ver l'habite, il y a toujours une abeille qui tient sa tête plus ou moins avancée dans la cellule. Quand une ouvrière la quitte, une autre prend aussitôt sa place. Elles y travaillent à prolonger la cellule à mesure que le ver grandit, et elles lui apportent sa nourriture qu'elles placent devant sa bouche et autour de son corps ; elles en font une espèce de cordon autour de lui. Le ver qui ne peut se mouvoir qu'en spirale tourne sans cesse pour saisir la bouillie placée devant sa tête ; il descend insensiblement et arrive enfin tout près de l'orifice de sa cellule : c'est à cette époque qu'il doit se transformer en nymphe. Les soins des abeilles ne lui sont plus nécessaires, elles ferment son berceau d'une clôture qui lui est appropriée, et il y subit, au temps marqué, ses deux métamorphoses.

M. Schirach prétend que les abeilles ne choisissent jamais que des vers de trois jours pour leur donner l'éducation royale ; je me suis assuré au contraire que l'opération réussit également sur des vers âgés de deux jours seulement.

Je fis placer dans une ruche privée de reine quelques parcelles de gâteaux dont les cellules renfermaient des œufs d'ouvrières et des vers de la même espèce déjà éclos. Le même jour, les abeilles agrandirent quelques-unes des cellules à vers, elles les convertirent en cellules royales et donnèrent aux vers qui y étaient contenus un épais lit de gelée. Je fis alors enlever cinq des vers contenus dans ces cellules et Burnens leur substitua cinq vers d'ouvrières que nous avions vus sortir de l'œuf quarante-huit heures auparavant. Nos abeilles ne parurent pas s'apercevoir de cet échange ; elles soignèrent les nouveaux vers comme ceux qu'elles avaient choisis elles-mêmes ; elles continuèrent à agrandir les cellules où nous les avions placées, et les fermèrent au temps ordinaire. De ces cinq alvéoles, deux reines sortirent presque en même temps. Les trois autres cellules ayant passé leur terme sans qu'aucune reine en fût sortie, nous les ouvrîmes pour voir en quel état elles étaient. Nous trouvâmes dans l'une une reine morte sous forme de nymphe ; les deux autres étaient vides ; leurs vers avaient filé leurs coques de soie, mais ils étaient morts avant de passer à l'état de nymphe et n'offraient plus qu'une peau désséchée.

Je ne puis rien imaginer de plus positif que cette expérience. Il est démontré que les abeilles ont le pouvoir de convertir en reines des vers d'ouvrières, puisqu'elles ont réussi à se donner des reines en opérant sur des vers d'ouvrières que nous leur avions choisis nous-mêmes ; il est également démontré que, pour le succès de l'opération, il n'est pas nécessaire que les vers aient trois jours, puisque ceux que nous avons confiés à nos abeilles étaient âgés de deux jours seulement.

III

DES REINES DONT LA FÉCONDATION A ÉTÉ RETARDÉE.

J'enfermai, dans une ruche, une reine au moment de sa naissance, et je l'empêchai de sortir en rendant les portes de son habitation trop étroites pour elle.

Pendant le cours de sa longue prison la reine ne sortit pas une seule fois ; elle ne put donc être fécondée. Le trente-sixième jour, je lui rendis enfin la liberté ; elle en profita bien vite, et ne tarda pas à revenir avec les signes les plus marqués de fécondation. Quelle fut ma surprise, lorsque je reconnus que cette reine, qui commença comme à l'ordinaire sa ponte quarante-six heures après l'accouplement, ne pondait point des œufs d'ouvrières, mais des œufs de faux-bourdons, et que, dans la suite, elle pondit uniquement des œufs de cette sorte !

Je m'épuisai d'abord en conjectures sur ce fait singulier ; mais, plus j'y réfléchissais, plus je le trouvais inexplicable. Enfin, en méditant avec attention sur les circonstances de l'expérience ci-dessus, il me parut qu'il y en avait deux principales dont je devais tâcher, avant tout, de peser séparément l'influence : d'un côté, cette reine avait souffert une prison fort longue ; d'un autre côté, la fécondation avait été extrêmement retardée. On sait que les reines abeilles reçoivent ordinairement les approches du mâle cinq ou six jours après leur naissance, et celle-ci ne s'était accouplée que le trente-sixième jour. Si je suppose ici que l'emprisonnement pouvait être la cause du fait, ce n'est pas que je donne moi-même beaucoup de poids à cette supposition. Dans l'état naturel, les reines ne sortent de leur ruche que pour aller chercher les mâles peu de jours après leur naissance ; pendant tout le reste de leur vie, si on excepte le jour du départ de l'essaim qu'elles accompagnent, elles y sont volontairement prisonnières : il était donc bien peu vraisemblable que la captivité eût produit l'effet que je travaillais à expliquer. Cependant, comme dans un sujet aussi neuf il ne faut rien négliger, je voulus m'assurer d'abord si c'était à la longueur de l'emprisonnement ou bien au retard de la fécondation qu'était due la singularité que j'avais observée dans la ponte de cette reine.

Mais ce travail n'était pas facile. Pour découvrir si c'était la captivité de la reine, et non le retard de la fécondation qui avait vicié ses ovaires, il aurait fallu permettre à une femelle de recevoir les approches du mâle, et cependant la retenir prisonnière ; or cela ne se pouvait pas, attendu que les reines abeilles ne s'accouplent jamais dans l'intérieur des ruches. Par la même raison, il était impossible de retarder l'accouplement d'une reine sans la rendre prisonnière. Cette difficulté m'embarrassa longtemps ; j'imaginai enfin un appareil qui n'était pas rigoureusement exact, mais qui remplissait à peu près mon but.

Je pris une reine au moment où elle venait de subir sa dernière métamorphose ; je la plaçai dans une ruche bien approvisionnée et peuplée d'un nombre suf-

fisant d'ouvrières et de mâles. Je rétrécis la porte de
cette ruche au point qu'elle devînt trop étroite pour
le passage de la reine, en la laissant assez large pour
que les abeilles pussent aller et venir librement. Je
pratiquai, en même temps, une autre ouverture pour
le passage de la reine, et j'y adaptai un canal vitré qui
communiquait à une grande boite carrée de verre, de
huit pieds en tous sens. La reine pouvait venir à tout
instant dans cette boîte, y voler, s'y abattre, et cependant elle ne pouvait y être fécondée, car, quoique
les mâles volassent aussi dans cette même enceinte,
l'espace en était trop borné pour qu'il pût s'établir
aucune jonction entre eux et la femelle. On sait que
l'accouplement ne se fait que dans le haut des airs. Je
trouvai donc, dans la disposition de cet appareil, l'a-
vantage de retarder la fécondation, en même temps
que je laissais à la reine une liberté assez grande pour
que l'état dans lequel elle serait appelée à vivre ne
fût pas trop éloigné de l'état de nature. Je suivis cette
expérience pendant quinze jours. La jeune femelle
captive sortit de la ruche tous les matins, lorsque le
temps était beau ; elle vint se promener dans sa prison de verre, elle y volait avec assez de facilité et se
donnait beaucoup de mouvement ; pendant cet intervalle, elle ne pondit point, parce qu'elle n'eut de jonction avec aucun mâle. Enfin, le seizième jour, je lui
donnai une entière liberté ; elle s'éloigna de la ruche,
s'éleva dans le haut des airs et revint avec tous les
signes de la fécondation. Deux jours après elle pondit ; ses premiers œufs furent des œufs d'ouvrières,
et, dans la suite, elle en pondit autant que les reines
les plus fécondes.

Il suit de là, 1° que la captivité n'altère point les organes des reines abeilles ; 2° que lorsque la féconda-

tion a lieu dans les seize premiers jours qui suivent leur naissance, elles pondent des œufs des deux sortes.

Cette première expérience était fort importante ; en indiquant clairement la marche que je devais suivre dans mon travail, elle le rendait beaucoup plus simple ; elle excluait absolument la supposition que j'avais faite sur l'influence de la captivité, et ne me laissait à chercher que les effets d'un plus long retard dans la fécondation.

Dans ce but, je répétai l'expérience précédente de la même manière que la première fois ; mais, au lieu de rendre à la reine vierge que je plaçai dans la ruche sa liberté le sixième jour après sa naissance, je la retins captive jusqu'au vingt et unième jour ; elle sortit alors, s'éleva dans l'air, fut fécondée et revint dans son habitation. Quarante-six heures après, elle commença à pondre, mais c'étaient des œufs de mâles, et, dans la suite, quoiqu'elle fût très-féconde, elle n'en pondit aucun d'une autre sorte. Je m'occupai encore, pendant le reste de cette année 1787 et dans les deux années suivantes, d'expériences sur le retard de la fécondation, et j'eus constamment les mêmes résultats.

Il est donc vrai que lorsque l'accouplement des reines abeilles est retardé au-delà du vingtième jour, il n'opère, si je puis ainsi parler, qu'une demi-fécondité : au lieu de pondre également des œufs d'ouvrières et des œufs de mâles, ces reines pondront des œufs de mâles seulement.

FIN.

ARTICLES DE LOI CONCERNANT LES ABEILLES

Loi du 29 septembre 1791.

« Le propriétaire d'un essaim a droit à le réclamer et de s'en saisir tant qu'il n'a pas cessé de le suivre, autrement l'essaim appartient au propriétaire du terrain sur lequel il est fixé.

« Les ruches d'abeilles ne peuvent être saisies ni vendues pour contributions publiques, ni pour aucunes causes de dettes, si ce n'est par celui qui les a vendues ou celui qui les a concédées à titre de cheptel ou autrement.

« Pour aucunes causes, il n'est permis de troubler les abeilles dans leurs courses et travaux : en conséquence, même en cas de saisie légitime, les ruches ne peuvent être déplacées que dans les mois de décembre, janvier et février. »

Article 34 du Code civil.

« Les ruches à miel sont immeubles par destination quand elles ont été placées par les propriétaires pour le service et l'exploitation du fonds. »

TABLE DES MATIÈRES

APPENDICE.

EXPÉRIENCES D'HUBER SUR LES ABEILLES.

FIN DE LA TABLE DES MATIÈRES.

COULOMMIERS. — Typ. A. MOUSSIN

LITTÉRATURE POPULAIRE

Agassiz (M. et Mme) : *Voyage au Bresil*, abrégé par J. Belin de Launay. 1 vol. avec une carte.

Annet (Mme Léonie d') : *Voyage d'une femme au Spitzberg*. 1 vol.

Badin (A.) : *Duguay-Trouin*. 1 vol.

—— *Jean Bart*. 1 vol.

Baines (Thomas) : *Voyage dans le sud-ouest de l'Afrique*, abrégé par J. Belin de Launay. 1 vol.

Baker (S. W.) : *Le lac Albert*. Nouveau voyage aux sources du Nil, abrégé par J. Belin de Launay. 1 vol.

Baldwin (W. C.) : *Du Natal au Zambèze*, récits de chasse, abrégés par J. Belin de Launay. 1 vol.

Barrau (Th. H.) : *Conseils aux ouvriers* sur les moyens d'améliorer leur condition. 1 vol.

Bernard (Frédéric) : *Vie d'Oberlin*. 1 vol.

Bonnechose (Emile de) *Bertrand du Guesclin*, connétable de France et de Castille ; 6e édit. 1 vol.

—— *Lazare Hoche*, général en chef des armées de la République (1793-1797) ; 5e édit. 1 vol.

Burton (le capitaine) : *Voyages à la Mecque, aux grands lacs d'Afrique et chez les Mormons*, abrégés par J. Belin de Launay. 1 vol. avec 3 cartes.

Calemard de la Fayette (Charles) : *La prime d'honneur*. 1 vol.

—— *L'agriculture progressive*. 1 vol.

Carraud (Mme Z.) : *Une servante d'autrefois* ; 2e édition. 1 vol.

—— *Les veillées de maître Patrigeon*, entretiens familiers sur le travail, la propriété, la richesse, l'agriculture, la famille, etc. ; 3e édition. 1 vol.

Charton (Ed.) : *Histoires de trois enfants pauvres* (un Français, un Anglais, un Allemand), racontées par eux-mêmes et abrégées par M. Ed. Charton ; 6e édition. 1 vol.

Chevalier (Michel) : *Le Mexique ancien et moderne*. 1 vol.

Corne (H.) : *Le cardinal Mazarin* ; 2e éd. 1 vol.

—— *Le cardinal de Richelieu* ; 3e édition. 1 vol.

Corneille (Pierre) : *Chefs-d'œuvre.* 1 vol.

Cours d'économie industrielle, conférences faites aux ouvriers de Paris par des membres de l'Association polytechnique, recueillies et publiées par M. Evariste Thévenin. 7 séries formant 7 vol. qui se vendent séparément.

Deherrypon (Martial) : *La boutique de la marchande de poissons.* 1 vol.

De la Palme : *Le premier livre du citoyen;* 4e édition. 1 vol.

Duval (Jules) : *Notre pays.* 1 vol.

Entretiens populaires, conférences faites aux ouvriers de Paris par des membres de l'Association polytechnique, recueillies et publiées par M. Evariste Thévenin. 8 séries formant 9 vol. qui se vendent séparément.

Ernouf (le baron): *Histoire de trois ouvriers français* (Richard Lenoir, Bréguet, Brézin); 2e édit. 1 vol.

—— *Deux inventeurs célèbres : Philippe de Girard, Jacquard.* 1 vol.

Franck (A.) : *Morale pour tous;* 2e édit. 1 vol.

Franklin (Benj.) : *Œuvres* traduites de l'anglais et annotées par Ed. Laboulaye. 5 vol.

Mémoires; 3e édition. 1 vol.

Correspondance; 3e édition. 3 vol.

Essais de morale; 2e édition. 1 vol.

Chaque ouvrage se vend séparément.

Guillemin (Amédée) : *La lune;* 3e édition. 1 vol. avec 2 grandes planches tirées hors du texte et 46 figures.

—— *Le soleil;* 3e édit. 1 vol. avec 58 figures.

Hauréau (B.): *Charlemagne et sa cour;* 2e édition. 1 vol.

—— *François Ier et sa cour.* 1 vol.

Hayes (Dr I.-I) : *La mer libre du pôle.* Voyage abrégée par J. Belin de Launay. 1 vol.

Ouvrage couronné par la Société pour l'instruction élémentaire.

Hoefer (Dr) : *Les saisons,* études de la nature. 2 séries formant 2 vol. avec figures.

Chaque série se vend séparément.

Homère : *Les beautés de l'Illiade et de l'Odysée,* traduction de M. Giguet. 1 vol.

Joinville (sire de) : *Histoire de saint Louis,* texte rapproché du français moderne, par Natalis de Wailly, de l'Institut; 3e édition. 1 vol.

Jonveaux (Émile) : *Histoire de quatre ouvriers anglais* d'après Sa-

muel Smiles (Maudslay, Stephenson, W. Faidbairn, J. Kasmyth);
2e édit. 1 vol.

Labouchère (Alf.) : *Oberkampf (1738-1815).* 1 vol.

Lacombe (P.) : *Petite histoire du peuple français;* 2e édit. 1 vol.

La Fontaine : *Choix de fables.* 1 vol.

Lanoye (Fr. de) : *L'Inde comtemporaine;* 2e édition. 1 vol.

—— *Le Niger et les explorations de l'Afrique centrale depuis Mungo-Park jusqu'au docteur Barth ;* 2e édit. 1 vol.

—— *Le Nil et ses sources.* 1 vol.

Le loyal serviteur : *Histoire du gentil seigneur de Bayart,* revue par Alph. Feillet. 1 vol. orné du portrait de Bayart.

Livingstone (Charles et David) : *Explorations dans l'Afrique australe et dans le bassin du Zambèse,* depuis 1840 jusqu'à 1864; abrégées par J. Belin de Launay; 2e édit. 1 vol.

Mage (E.) : *Voyage dans le Soudan occidental,* abrégé par J. Belin de Launay. 1 vol. avec une carte.

Marcoy (P.) : *Scènes et paysages dans les Andes.* 2 vol.

Meunier (Mme H.) : *Le docteur au village.* 2 vol. qui se vendent séparément :

    Entretiens familiers sur l'hygiène; 3e édit. 1 vol.

    Entretiens familiers sur la botanique. 1 vol. avec 104 fig. dans le texte.

Milton (le Vte) et le dr W. B. **Cheadle.** *Voyage de l'Atlantique au Pacifique à travers les montagnes Rocheuses,* abrégé par J. Belin de Launay. 1 vol. avec cartes.

Molière : *Chefs-d'œuvre.* 2 vol.

Mouhot (H.) : *Voyage dans les royaumes de Siam, de Cambodge et de Laos.* 1 vol.

Muller (E.) : *La boutique du marchand de nouveautés.* 1 vol.

Palgrave (W. G.) : *Une année dans l'Arabie centrale,* édition abrégée par J. Belin de Launay. 1 vol. avec carte.

Passy (Frédéric) : *Les machines et leur influence sur le développement de l'humanité.* 1 vol.

Perron d'Arc : *Aventures d'un voyageur en Australie;* 2e édition 1 volume.

Pfeiffer (Mme Ida) : *Voyage autour du monde,* abrégés par J. Belin de Launay; 2e édit. 1 vol.

Pietrowski (R.) : *Souvenirs d'un Sibérien.* 1 vol.

    Ouvrage couronné par la Société pour l'instruction élémentaire.

Poirson : *Guide-manuel de l'orphéoniste.* 1 vol.

Racine (Jean) : *Chefs-d'œuvre.* 2 vol.

Reclus (É.) : *Les phénomènes terrestres.* 2 volumes qui se vendent séparément :

    I. *Les continents;* 2e édit. 1 vol.

    Ouvrage couronné par la Société pour l'instruction élémentaire.

    II. *L'Océan, l'atmosphère.* 1 vol.

Rendu (Victor) : *Principes d'agriculture;* 2e édit. 2 vol. qui se vendent séparément :

    Culture du sol, avec vignettes. 1 vol.

    Culture des plantes. 1 vol.

—— *Mœurs pittoresques des insectes.* 1 vol.

    Ouvrage couronné par la Société pour l'instruction élémentaire.

Shakespeare : *Chefs d'œuvre.* 3 vol.

Speke (le capitaine) : *Les sources du Nil,* édition abrégée par J. Belin de Launay. 1 vol.

Thévenin (Év.) : *Cours d'économie industrielle et Entretiens populaires.*

Vambéry : *Voyages d'un faux derviche dans l'Asie centrale,* abrégés par J. Belin de Launay; 2e édit. 1 vol.

Véron (Eugène) : *Les associations ouvrières en Allemagne, en Angleterre et en France.* 1 vol.

Wallon, de l'Institut : *Jeanne d'Arc;* 3e édit. 1 vol. 1 fr.

    Édition abrégée de l'ouvrage qui a obtenu de l'Académie le grand prix Gobert.